现代水利工程建设管理

刘希泽　高　喜　李艳芝◎著

吉林科学技术出版社

图书在版编目（CIP）数据

现代水利工程建设管理 / 刘希泽，高喜，李艳芝著
. -- 长春：吉林科学技术出版社，2023.5
ISBN 978-7-5744-0524-0

Ⅰ．①现… Ⅱ．①刘… ②高… ③李… Ⅲ．①水利工
程管理 Ⅳ．①TV6

中国国家版本馆 CIP 数据核字(2023)第 103809 号

现代水利工程建设管理

作　　者　刘希泽　高　喜　李艳芝
出 版 人　宛　霞
责任编辑　乌　兰
幅面尺寸　185 mm×260mm
开　　本　16
字　　数　283 千字
印　　张　12.5
版　　次　2023 年 5 月第 1 版
印　　次　2023 年 5 月第 1 次印刷

出　　版　吉林科学技术出版社
发　　行　吉林科学技术出版社
地　　址　长春市净月区福祉大路 5788 号
邮　　编　130118
发行部电话/传真　0431-81629529　81629530　81629531
　　　　　　　　　81629532　81629533　81629534

储运部电话　0431-86059116

编辑部电话　0431-81629518

印　　刷　北京四海锦诚印刷技术有限公司

书　　号　ISBN 978-7-5744-0524-0
定　　价　65.00 元

前　言

　　水利工程是国民经济的基础设施，是水资源合理开发、有效利用和水旱灾害防治的主要工程措施。在解决我国水资源短缺、洪涝灾害、环境保护、水土流失等问题中，水利工程的建设与实施起到了无可替代的重要作用。随着我国建筑业管理体制改革的不断深化，以工程项目管理为核心的水利施工企业的经营管理体制，也发生了很大的变化。这就要求企业必须对施工项目进行规范的、科学的管理，特别是加强对工程质量、进度、成本、安全的管理控制。水利工程建设项目管理是一项复杂的工作，项目经理除了要加强工程施工管理及有关知识的学习外，还要加强自身修养，严格按规定办事，善于协调各方面的关系，保证各项措施真正得到落实。在市场经济不断发展的今天，施工单位只有不断提高管理水平，增强自身实力，提高服务质量，才能不断拓展市场，在竞争中立于不败之地。因此，建设一支技术全面、精通管理、运作规范的专业化施工队伍，既是时代的要求，更是一种责任。

　　本书主要研究现代水利工程建设管理，当前，水利工程处于快速发展和变化时期，随着建筑市场管理力度的加强，先进技术的推广和应用，使水利工程建设管理水平有了很大的提高。为了更好地适应水利工程施工现代管理的要求，满足培训及学习要求，本书依据新的建设管理规范，重点论述了水利工程建设招投标管理、进度管理、质量管理、档案管理及施工安全管理，明确了各环节的工作要点及方法，具有较强的现场指导性，有利于我国水利工程管理做得更快更好，进而推动我国水利事业的发展及整个国计民生的良性发展。

　　由于本书作者水平有限，书中难免有疏漏和不尽完善之处，敬请读者批评指正。

作者

2023 年 8 月

目　录

第一章 水利工程建设概述

第一节 水利工程规划设计

一、水利勘测

水利勘测是为水利建设而进行的地质勘察和测量。它是水利科学的组成部分。其任务是对拟定开发的江河流域或地区，就有关的工程地质、水文地质、地形地貌、灌区土壤等条件开展调查与勘测，分析研究其性质、作用及内在规律，评价预测各项水利设施与自然环境可能产生的相互影响和出现的各种问题，为水利工程规划、设计与施工运行提供基本资料和科学依据。

水利勘测是水利建设基础工作之一，与工程的投资和安全运行关系十分密切；有时由于对客观事物的认识和未来演化趋势的判断不准，措施失当，往往发生事故或失误。水利勘测须反复调查研究，必须密切配合水利基本建设程序，分阶段逐步深入进行，达到利用自然和改造自然的目的。

（一）水利勘测内容

1. 水利工程测量

包括平面高程控制测量、地形测量（含水下地形测量）、纵横断面测量，定线、放线测量和变形观测等。

2. 水利工程地质勘察

包括地质测绘、开挖作业、遥感、钻探、水利工程地球物理勘探、岩土试验和观测监测等。用以查明：区域构造稳定性、水库地震；水库渗漏、浸没、塌岸、渠道渗漏等环境地质问题；水工建筑物地基的稳定和沉陷；洞室围岩的稳定；天然边坡和开挖边坡的稳定，以及天然建筑材料状况等。随着实践经验的丰富和勘测新技术的发展，环境地质、系统工程地质、工程地质监测和数值分析等，均有较大进展。

3. 地下水资源勘察

已由单纯的地下水调查、打井开发,向全面评价、合理开发利用地下水发展,如渠灌井灌结合、盐碱地改良、动态监测预报、防治水质污染等。此外,对环境水文地质和资源量计算参数的研究,也有较大提高。

4. 灌区土壤调查

包括自然环境、农业生产条件对土壤属性的影响,土壤剖面观测,土壤物理性质测定,土壤化学性质分析,土壤水分常数测定以及土壤水盐动态观测。通过调查,研究土壤形成、分布和性状,掌握在灌溉、排水、耕作过程中土壤水、盐、肥力变化的规律。除上述内容外,水文测验、调查和实验也是水利勘测的重要组成部分,但中国的学科划分现多将其列入水文学体系之内。

水利勘测也是水利建设的一项综合性基础工作。世界各国在兴修水利工程中,由于勘测工作不够全面、深入,曾相继发生过不少事故,带来了严重灾害。

水利勘测要密切配合水利工程建设程序,按阶段要求逐步深入进行;工程运行期间,还要开展各项观测、监测工作,以策安全。勘测中,既要注意区域自然条件的调查研究,又要着重水工建筑物与自然环境相互作用的勘探试验,使水利设施起到利用自然和改造自然的作用。

(二)水利勘测特点

水利勘测是应用性很强的学科,大致具有如下三点特性。

1. 实践性

即着重现场调查、勘探试验及长期观测、监测等一系列实践工作,以积累资料、掌握规律,为水利建设提供可靠依据。

2. 区域性

即针对开发地区的具体情况,运用相应的有效勘测方法,阐明不同地区的各自特征。如山区、丘陵与平原等地形地质条件不同的地区,其水利勘测的任务要求与工作方法,往往大不相同,不能千篇一律。

3. 综合性

即充分考虑各种自然因素之间及其与人类活动相互作用的错综复杂关系,掌握开发地区的全貌及其可能出现的主要问题,为采取较优的水利设施方案提供依据。因此,水利勘测兼有水利科学与地学(测量学、地质学与土壤学等)以及各种勘测、试验技术相互渗透、融合的特色。但通常以地学或地质学为学科基础，以测绘制图和勘探试验成果的综合分析作为基本研究途径，是一门综合性的学科。

二、水利工程规划设计的基本原则

水利工程规划是以某一水利建设项目为研究对象的水利规划。水利工程规划通常是在编制工程可行性研究或工程初步设计时进行的。

改革开放以来，随着社会主义市场经济的飞速发展，水利工程对我国国民经济增长具有非常重要的作用。无论是城市水利还是农村水利，它不仅可以保护当地免遭灾害，更有利于当地的经济建设。因此必须严格坚持科学的发展理念，确保水利工程的顺利实施。在水利工程规划设计中，要切合实际，严格按照要求，以科学的施工理念完成各项任务。

鉴于水利事业的重要性，水利工程的规划设计就必须严格按照科学的理念开展，从而确保各项水利工程能够带来必要的作用。对于科学理念的遵循就是要求在设计当中严格按照相应的原则，从而很好地完成相应的水利工程。总的来说，水利工程规划设计的基本原则包括如下几个部分：

（一）确保水利工程规划的经济性和安全性

就水利工程自身而言，其所包含的要素众多，是一项较为复杂与庞大的工程，不仅包括防止洪涝灾害、便于农田灌溉、支持公民的饮用水等要素，也包括保障电力供应、物资运输等方面的要素，因此对于水利工程的规划设计应该从总体层面入手。在科学的指引下，水利工程规划除了要发挥出其最大的效应，也需要将水利科学及工程科学的安全性要求融入规划当中，从而保障所修建的水利工程项目具有足够的安全性保障，在抗击洪涝灾害、干旱、风沙等方面都具有较为可靠的效果。对于河流水利工程而言，由于涉及河流侵蚀、泥沙堆积等方面的问题，水利工程就更需要进行必要的安全性措施。除了安全性要求之外，水利工程的规划设计也要考虑到建设成本的问题，这就要求水利工程构建组织对于成本管理、风险控制、安全管理等都具有十分清晰的了解，从而将这些要素进行整合，得到一个较为完善的经济成本控制方法，使得水利工程的建设资金能够投放到最需要的地方，杜绝浪费资金的状况出现。

（二）保护河流水利工程的空间异质的原则

河流水利工程的建设也需要将河流的生物群体进行考虑，而对于生物群体的保护也就构成了河流水利工程规划的空间异质原则。所谓的生物群体也就是指在水利工程所涉及河流空间范围内所具有的各类生物，其彼此之间的互相影响，并在同外在环境形成默契的情况下进行生活，最终构成了较为稳定的生物群体。河流作为外在的环境，实际上其存在也必须与内在的生物群体的存在相融合，具有系统性的体现。只有维护好这一系统，水利工程项目的建设才能够达到其有效性。作为人类的一种主观性的活动，水利工程建设将不可避免地会对整个生态环境造成一定的影响，使得河流出现非连续性，最终可能带来不必要的破坏。因此，在进行水利工程规划的时候，有必要对空间异质加以关注。尽管多数水利工程建设并非聚焦于生态目标，而是为了促进经济社会的发展，但在建设当中同样要注意对于生态环境的保护，从而确保所构建的水利工程符合可持续发展的道路。当然，这种对于异质空间保护的思考，有必要对河流的特征及地理面貌等状况进行详细的调查，从而确保所制订的具体水利工程规划能够切实满足当地的需要。

（三）水利工程规划要注重自然力量的自我调节原则

就传统意义上的水利工程而言，对于自然在水利工程中的作用力的关注是极大的，很多项目的开展得益于自然力量，而并非人力。伴随着现代化机械设备的使用，不少水利项目的建设都寄希望于使用先进的机器设备来对整个工程进行控制，但效果往往并非很好。因此，在具体的水利工程建设中，必须将自然的力量结合到具体的工程规划当中，从而在最大限度地维护原有地理、生态面貌的基础上，进行水利工程建设。当然，对于自然力量的运用也需要进行大量的研究，不仅需要对当地的生态面貌等状况进行较为彻底的研究，而且也要在建设过程中竭力维护好当地的生态情况，并且防止外来物种对原有生态的入侵。事实上，大自然都有自我恢复功能，而水利工程作为一项人为的工程项目，其对于当地的地理面貌的改善也必然会通过大自然的力量进行维护，这就要求所建设的水利工程必须将自身的一系列特质与自然进化要求相融合，从而在长期的自然演化过程中，将自身也逐步融合成为大自然的一部分，有利于水利项目长期为当地的经济社会发展服务。

（四）对地域景观进行必要的维护与建设

地域景观的维护与建设也是水利工程规划的重要组成部分，而这也要求所进行的设计必须从长期性角度入手，将水利工程的实用性与美观性加以结合。事实上，在建设过程中，不可避免地会对原有景观造成一定的破坏，在注意破坏的度的同时，也需要将水利工程的后期完善策略相结合，也即在工程建设后期或使用过程中，对原有的景观进行必要的恢复。当然，整个水利工程的建设应该在尽可能地不破坏原有景观的基础之上开展，但不可避免的破坏也要将其写入建设规划当中。另外，水利工程建设本身就要具有较好的美观性，而这也能够为地域景观提供一定的补充。总的来说，对于景观的维护应该尽可能从较小的角度入手，这样既能保障所建设的水利工程具备详尽性的特征，而且也可以确保每一项小的工程获得很好的效益。值得一提的是，整个水利工程所涉及的景观维护与补充问题都需要进行严格的评价，从而确保所提供的景观不会对原有的生态、地理面貌发生破坏，而这种评估工作也需要涵盖整个水利工程范围，并有必要向外进行拓展，确保评价的完备性。

（五）水利工程规划应遵循一定的反馈原则

水利工程设计主要是模仿成熟的河流水利工程系统的结构，力求最终形成一个健康、可持续的河流水利系统。在河流水利工程项目执行以后，就开始了一个自然生态演替的动态过程。这个过程并不一定按照设计预期的目标发展，可能出现多种可能性。针对具体一项生态修复工程实施以后，一种理想的可能是监测到的各变量是现有科学水平可能达到的最优值，表示水利工程能够获得较为理想的使用与演进效果；另一种差的情况是，监测到的各生态变量是人们可接受的最低值。在这两种极端状态之间，形成了一个包络图。

三、水利工程规划设计的发展与需求

目前在对城市水利工程建设当中，把改善水域环境和生态系统作为主要建设目标，同时也是水利现代化建设的重要内容，所以按照现代城市的功能来对流经市区的河流进行归类大致有两类要求：

对河中水流的要求是：水质清洁、生物多样性、生机盎然和优美的水面规划。

对滨河带的要求是：其规划不仅要使滨河带能充分反映当地的风俗习惯和文化底蕴，同时还要有一定的人工景观，供人们休闲、娱乐和活动，另外在规划上还要注意文化氛围的渲染，所形成的景观不仅要有现代的气息，同时还要注意与周围环境的协调性，达到自然环境、山水、人的和谐统一。

这些要求充分体现在经济快速发展的带动下社会的明显进步，这也是水利工程建设发展的必然趋势。这就对水利建设者提出了更高的要求，水利建设者在满足人们的要求的同时，还要在设计、施工和规划方面进行更好的调整和完善，从而使水利工程建设具有更多的人文、艺术和科学气息，使工程不仅起到美化环境的作用，同时还具有一定的欣赏价值。

水利工程不仅实现了人工对山河的改造，同时也起到了防洪抗涝，实现了对水资源的合理保护和利用，从而使之更好地服务于人类。水利工程对周围的自然环境和社会环境起到了明显的改善。现在人们越来越重视环境的重要性，所以对环境保护的力度不断地提高，对资源开发、环境保护和生态保护协调发展加大了重视力度，在这种大背景下，水利工程设计时在强调美学价值的同时，则更注重生态功能的发挥。

四、水利工程设计中对环境因素的影响

（一）水利工程与环境保护

水利工程有助于改善和保护自然环境。水利工程建设主要以水资源的开发利用和防止水害，其基本功能是改善自然环境，如除涝、防洪，为人们的日常生活提供水资源，保障社会经济健康有序的发展，同时还可以减少大气污染。另外，水利工程项目可以调节水库，改善下游水质等。水利工程建设将有助于改善水资源分配，满足经济发展和人类社会的需求，同时，水资源也是维持自然生态环境的主要因素。如果在水资源分配过程中，忽视自然环境对水资源的需求，将会引发环境问题。水利工程对环境的影响主要表现在对水资源方面的影响，如河道断流、土地退化、下游绿洲消失、湖泊萎缩等生态环境问题，甚至会导致下游环境恶化。工程的施工同样会给当地环境带来影响。若这些问题不能及时解决，将会限制社会经济的发展。

水利工程既能改善自然环境又能对环境产生负面效应，因此在实际开发建设过程中，要最大限度地保护环境、改善水质，维持生态平衡，将工程效益发挥到最大。要将环境纳入实际规划设计工作中去，并实现可持续发展。

（二）水利工程建设的环境需求

从环境需求的角度分析建设水利工程项目的可行性和合理性，具体表现在如下几个方面：

1. 防洪的需要

兴建防洪工程为人类生存提供基本的保障，这是构建水利工程项目的主要目的。从环境的角度分析，洪水是湿地生态环境的基本保障，如河流下游的河谷生态、荒漠生态等，它都需要定期的洪水泛滥以保持生态平衡。因此，在兴建水利工程时必须考虑防洪工程对当地生态环境造成的影响。

2. 水资源的开发

水利工程的另一功能是开发利用水资源。水资源不仅是维持生命的基本元素，也是推动社会经济发展的基本保障。水资源的超负荷利用，会造成一系列的生态环境问题。因此在水资源开发过程中强调水资源的合理利用。

第二节　水利枢纽

一、水利枢纽概述

水利枢纽是为满足各项水利工程兴利除害的目标，在河流或渠道的适宜地段修建的不同类型水工建筑物的综合体。水利枢纽常以其形成的水库或主体工程——坝、水电站的名称来命名，如三峡大坝、密云水库、罗贡坝、新安江水电站等；也有直接称水利枢纽的，如葛洲坝水利枢纽。

（一）类型

水利枢纽按承担任务的不同，可分为防洪枢纽、灌溉（或供水）枢纽、水力发电枢纽和航运枢纽等。多数水利枢纽承担多项任务，称为综合性水利枢纽。影响水利枢纽功能的主要因素是选定合理的位置和最优的布置方案。水利枢纽工程的位置一般通过河流流域规划或地区水利规划确定。具体位置须充分考虑地形、地质条件，使各个水工建筑物都能布置在安全可靠的地基上，并能满足建筑物的尺度和布置要求，以及施工的必需条件。水利枢纽工程的布置，一般通过可行性研究和初步设计确定。枢纽布置必须使各个不同功能的建筑物在位置上各得其所，在运用中相互协调，充分有效地完成所承担的任务；各个水工建筑物单独使用或联合使用时水流条件良好，上下游的水流和冲淤变化不影响或少影响枢纽的正常运行，总之技术上要安全可靠；在满足基本要求的前提下，要力求建筑物布置紧凑，一个建筑物能发挥多种作用，减少工程量和工程占地，以减小投资；同时要充分考虑管理运行的要求和施工便利，工期短。一个大型水利枢纽工程的总体布置是一项复杂的系统工程，需要按系统工程的分析研究方法进行论证确定。

（二）枢纽组成

水利枢纽主要由挡水建筑物、泄水建筑物、取水建筑物和专门性建筑物组成。

1. 挡水建筑物

在取水枢纽和蓄水枢纽中，为拦截水流、抬高水位和调蓄水量而设的跨河道建筑物，分为溢流坝（闸）和非溢流坝两类。溢流坝（闸）兼作泄水建筑物。

2. 泄水建筑物

为宣泄洪水和放空水库而设。其形式有岸边溢洪道、溢流坝（闸）、泄水隧洞、闸身泄水孔或坝下涵管等。

3. 取水建筑物

为灌溉、发电、供水和专门用途的取水而设。其形式有进水闸、引水隧洞和引水涵管等。

4. 专门性建筑物

为发电的厂房、调压室，为扬水的泵房、流道，为通航、过木、过鱼的船闸、升船机、筏道、鱼道等。

（三）枢纽位置选择

在流域规划或地区规划中，某一水利枢纽所在河流中的大体位置已基本确定，但其具体位置还须在此范围内通过不同方案的技术经济比较来进行比选。水利枢纽的位置常以其主体——坝（挡水建筑物）的位置为代表。因此，水利枢纽位置的选择常称为坝址选择。有的水利枢纽，只须在较狭的范围内进行坝址选择；有的水利枢纽，则需要先在较宽的范围内选择坝段，然后在坝段内选择坝址。

（四）划分等级

水利枢纽常按其规模、效益和对经济、社会影响的大小进行分等，并将枢纽中的建筑物按其重要性进行分级。对级别高的建筑物，在抗洪能力、强度和稳定性、建筑材料、运行的可靠性等方面都要求高一些，反之就要求低一些，以达到既安全又经济的目的。

划分依据：工程规模、效益和在国民经济中的重要性。

（五）水利枢纽工程

指水利枢纽建筑物（含引水工程中的水源工程）和其他大型独立建筑物。包括挡水工程、泄洪工程、引水工程、发电厂工程、升压变电站工程、航运工程、鱼道工程、交通工程、房屋建筑工程和其他建筑工程。其中挡水工程等前七项为主体建筑工程。

1. 挡水工程。包括挡水的各类坝（闸）工程。

2. 泄洪工程。包括溢洪道、泄洪洞、冲砂孔（洞）、放空洞等工程。

3. 引水工程。包括发电引水明渠、进水口、隧洞、调压井、高压管道等工程。

4. 发电厂工程。包括地面、地下各类发电厂工程。

5. 升压变电站工程。包括升压变电站、开关站等工程。

6. 航运工程。包括上下游引航道、船闸、升船机等工程。

7. 鱼道工程。根据枢纽建筑物布置情况，可独立列项。与拦河坝相结合的，也可作为拦河坝工程的组成部分。

8. 交通工程。包括上坝、进厂、对外等场内外永久公路、桥涵、铁路、码头等交通工程。

9. 房屋建筑工程。包括为生产运行服务的永久性辅助生产建筑、仓库、办公、生活及文化福利等房屋建筑和室外工程。

10. 其他建筑工程。包括内外部观测工程，动力线路（厂坝区），照明线路，通信线路，厂坝区及生活区供水、供热、排水等公用设施工程，厂坝区环境建设工程，水情自动测报工程及其他。

二、拦河坝水利枢纽布置

拦河坝水利枢纽是为解决来水与用水在时间和水量分配上存在的矛盾，修建的以挡水建筑物为主体的建筑物综合运用体，又称水库枢纽，一般由挡水、泄水、放水及某些专门性建筑物组成。将这些作用不同的建筑物相对集中布置，并保证它们在运行中良好配合的工作，就是拦河水利枢纽布置。

拦河水利枢纽布置应根据国家水利建设的方针，依据流（区）域规划，从长远着眼，结合近期的发展需要，对各种可能的枢纽布置方案进行综合分析、比较，选定最优方案，然后严格按照水利枢纽的基建程序，分阶段有计划地进行规划设计。

拦河水利枢纽布置的主要工作内容有坝址、坝型选择和枢纽工程布置等。

（一）坝址及坝型选择

坝址及坝型选择的工作贯穿于各设计阶段之中，并且是逐步优化的。

在可行性研究阶段，一般是根据开发任务的要求，分析地形、地质及施工等条件，初选几个可能筑坝的地段（坝段）和若干条有代表性的坝轴线，通过枢纽布置进行综合比较，选择其中最有利的坝段和相对较好的坝轴线，进而提出推荐坝址。并在推荐坝址上进行枢纽工程布置，再通过方案比较，初选基本坝型和枢纽布置方式。

在初步设计阶段，要进一步进行枢纽布置，通过技术经济比较，选定最合理的坝轴线，确定坝型及其他建筑物的形式和主要尺寸，并进行具体的枢纽工程布置。

在施工详图阶段，随着地质资料和试验资料的进一步深入和详细，对已确定的坝轴线、坝型和枢纽布置做最后的修改和定案，并且作出能够依据施工的详图。

坝轴线及坝型选择是拦河水利枢纽设计中的一项很主要的工作，具有重大的技术经济意义，两者是相互关联的，影响因素也是多方面的，不仅要研究坝址及其周围的自然条件，还须考虑枢纽的施工、运用条件、发展远景和投资指标等。须进行全面论证和综合比较后，才能做出正确的判断和选择合理的方案。

1. 坝址选择

选择坝址时，应综合考虑下述条件。

（1）地质条件

地质条件是建库建坝的基本条件，是衡量坝址优劣的重要条件之一，在某种程度上决定着兴建枢纽工程的难易。工程地质和水文地质条件是影响坝址、坝型选择的重要因素，且往往起决定性作用。

选择坝址，首先要清楚有关区域的地质情况。坚硬完整、无构造缺陷的岩基是最理想的坝基；但如此理想的地质条件很少见，天然地基总会存在这样或那样的地质缺陷，要看能否通过合宜的地基处理措施使其达到筑坝的要求。在该方面必须注意的是：不能疏漏重大地质问题，对重大地质问题要有正确的定性判断，以便决定坝址的取舍或定出防护处理的措施，或在坝址选择和枢纽布置上设法适应坝址的地质条件。对存在破碎带、断层、裂隙、喀斯特溶洞、软弱夹层等坝基条件较差的，还有地震地区，应做充分的论证和可靠的技术措施。坝址选择还必须对区域地质稳定性和地质构造复杂性以及水库区的渗漏、库岸塌滑、岸坡及山体稳定等地质条件做出评价和论证。各种坝型及坝高对地质条件有不同的要求。如拱坝对两岸坝基的要求很高，支墩坝对地基要求也高，次之为重力坝，土石坝要求最低。一般较高的混凝土坝多要求建在岩基上。

（2）地形条件

坝址地形条件必须满足开发任务对枢纽组成建筑物的布置要求。通常，河谷两岸有适宜的高度和必需的挡水前缘宽度时，则对枢纽布置有利。一般来说，坝址河谷狭窄，坝轴线较短，坝体工程量较小，但河谷太窄则不利于泄水建筑物、发电建筑物、施工导流及施工场地的布置，有时反不如河谷稍宽处有利。除考虑坝轴线较短外，对坝址选择还应结合泄水建筑物、施工场地的布置和施工导流方案等综合考虑。枢纽上游最好有开阔的河谷，使在淹没损失尽量小的情况下，能获得较大的库容。

坝址地形条件还必须与坝型相互适应，拱坝要求河谷窄狭；土石坝适应河谷宽阔、岸坡平缓、坝址附近或库区内有高程合适的天然窗口，并且方便归河，以便布置河岸式溢洪道。岸坡过陡，会使坝体与岸坡结合处削坡量过大。对于通航河道，还应注意通航建筑的布置、上河及下河的条件是否有利。对有暗礁、浅滩或陡坡、急流的通航河流，坝轴线宜选在浅滩稍下游或急流终点处，以改善通航条件。有瀑布的不通航河流，坝轴线宜选在瀑布稍上游处以节省大坝工程量。对于多泥沙河流及有漂木要求的河道，应注意坝址位段对取水防沙及漂木是否有利。

（3）建筑材料

在选择坝址、坝型时，当地材料的种类、数量及分布往往起决定性影响。对土石坝，坝址附近应有数量足够、质量能符合要求的土石料场；如为混凝土坝，则要求坝址附近有良好级配的砂石骨料。料场应便于开采、运输，且施工期间料场不会因淹没而影响施工。所以对建筑材料的开采条件、经济成本等，应进行认真的调查和分析。

（4）施工条件

从施工角度来看，坝址下游应有较开阔的滩地，以便布置施工场地、场内交通和进行导流。应对外交通方便，附近有廉价的电力供应，以满足照明及动力的需要。从长远利益来看，施工的安排应考虑今后运用、管理的方便。

（5）综合效益

坝址选择要综合考虑防洪、灌溉、发电、通航、过木、城市和工业用水、渔业以及旅游等各部门的经济效益，还应考虑上游淹没损失以及蓄水枢纽对上、下游生态环境的各方面的影响。兴建蓄水枢纽将形成水库，使大片原来的陆相地表和河流型水域变为湖泊型水域，改变了地区自然景观，对自然生态和社会经济产生多方面的环境影响。其有利影响是发展了水电、灌溉、供水、养殖、旅游等水利事业和解除洪水灾害、改善气候条件等，但是，也会给人类带来诸如淹没损失、浸没损失、土壤盐碱化或沼泽化、水库淤积、库区塌岸或滑坡、诱发地震，使水温、水质及卫生条件恶化，生态平衡受到破坏以及造成下游冲刷，河床演变等不利影响。虽然水库对环境的不利影响与水库带给人类的社会经济效益相比，一般说来居次要地位，但处理不当也能造成严重的危害，故在进行水利规划和坝址选择时，必须对生态环境影响问题进行认真研究，并作为方案比较的因素之一加以考虑。不同的坝址、坝型对防洪、灌溉、发电、给水、航运等要求也不相同。至于是否经济，要根据枢纽总造价来衡量。

归纳上述条件，优良的坝址应是：地质条件好、地形有利、位置适宜、方便施工、造价低、效益好。所以应全面考虑、综合分析，进行多种方案比较，合理解决矛盾，选取最优成果。

2. 坝型选择

常见的坝型有土石坝、重力坝及拱坝等。坝型选择仍取决于地质、地形、建材及施工、运用等条件。

（1）土石坝

在筑坝地区，若交通不便或缺乏三材，而当地又有充足实用的土石料，地质方面无大的缺陷，又有合宜的布置河岸式溢洪道的有利地形时，则可就地取材，优先选用土石坝。随着设计理论、施工技术和施工机械方面的发展，近年来土石坝修建的数量已有明显的增长，而且其施工期较短，造价远低于混凝土坝。我国在中小型工程中，土石坝占有很大的比重。目前，土石坝是世界坝工建设中应用最为广泛和发展最快的一种坝型。

（2）重力坝

有较好的地质条件，当地有大量的砂石骨料可以利用，交通又比较方便时，一般多考虑修筑混凝土重力坝。可直接由坝顶溢洪，而不须另建河岸溢洪道，抗震性能也较好。我国目前已建成的三峡大坝是世界上最大的混凝土浇筑实体重力坝。

（3）拱坝

当坝址地形为 V 形或 U 形狭窄河谷，且两岸坝肩岩基良好时，则可考虑选用拱坝。它工程量小，比重力坝节省混凝土量 1/2～2/3，造价较低，工期短，也可从坝顶或坝体内开孔泄洪，因而也是近年来发展较快的一种坝型。我国西南地区还修建了大量的浆砌石拱坝。

（二）枢纽的工程布置

拦河筑坝以形成水库是拦河蓄水枢纽的主要特征。其组成建筑物除拦河坝和泄水建筑物外，根据枢纽任务还可能包括输水建筑物、水电站建筑物和过坝建筑物等。枢纽布置主要是研究和确定枢纽中各个水工建筑物的相互位置。该项工作涉及泄洪、发电、通航、导流等各项任务，并与坝址、坝型密切相关，须统筹兼顾，全面安排，认真分析，全面论证，最后通过综合比较，从若干个比较方案中选出最优的枢纽布置方案。

1. 枢纽布置的原则

进行枢纽布置时，一般可遵循下述原则。

（1）为使枢纽能发挥最大的经济效益，进行枢纽布置时，应综合考虑防洪、灌溉、发电、航运、渔业、林业、交通、生态及环境等各方面的要求。应确保枢纽中各主要建筑物，在任何工作条件下都能协调地、无干扰地进行正常工作。

（2）为方便施工、缩短工期和能使工程提前发挥效益，枢纽布置应同时考虑选择施工导流的方式、程序和标准以及选择主要建筑物的施工方法，与施工进度计划等进行综合分析研究。工程实践证明，统筹得当不仅能方便施工，还能使部分建筑物提前发挥效益。

枢纽布置应做到在满足安全和运用管理要求的前提下，尽量降低枢纽总造价和年运行费用；如有可能，应考虑使一个建筑物能发挥多种作用。例如施工导流与泄洪、排沙、放空水库相结合等。

（3）在不过多增加工程投资的前提下，枢纽布置应与周围自然环境相协调，应注意建筑艺术，力求造型美观，加强绿化环保，因地制宜地将人工环境和自然环境有机地结合起来，创造出一个完美的、多功能的宜人环境。

2. 枢纽布置方案的选定

水利枢纽设计须通过论证比较，从若干个枢纽布置方案中选出一个最优方案。最优方案应该是技术上先进和可能、经济上合理、施工期短、运行可靠以及管理维修方便的方案。须论证比较的内容如下。

（1）主要工程量。如土石方、混凝土和钢筋混凝土、砌石、金属结构、机电安装、帷幕和固结灌浆等工程量。

（2）主要建筑材料数量。如木材、水泥、钢筋、钢材、砂石和炸药等用量。

（3）施工条件。如施工工期、发电日期、施工难易程度、所需劳动力和施工机械化水平。

（4）运行管理条件。如泄洪、发电、通航是否相互干扰，建筑物及设备的运用操作和检修是否方便，对外交通是否便利等。

（5）经济指标。指总投资、总造价、年运行费用、电站单位千瓦投资、发电成本、单位灌溉面积投资、通航能力、防洪以及供水等综合利用效益等。

（6）其他。根据枢纽具体情况，须专门进行比较的项目。如在多泥沙河流上兴建水利枢纽时，应注重泄水和取水建筑物的布置对水库淤积、水电站引水防沙和对下游河床冲刷的影响等。

上述项目有些可定量计算，有些则难以定量计算，这就给枢纽布置方案的选定增加了复杂性，因而，必须以国家研究制定的技术政策为指导，在充分掌握基本资料的基础上，以科学的态度，实事求是地全面论证，通过综合分析和技术经济比较选出最优方案。

3. 枢纽建筑物的布置

（1）挡水建筑物的布置

为了减少拦河坝的体积，除拱坝外，其他坝型的坝轴线最好短而直，但根据实际情况，有时为了利用高程较高的地形以减少工程量，或为避开不利的地址条件，或为便于施工，也可采用较长的直线或折线或部分曲线。

当挡水建筑物兼有连通两岸交通干线的任务时，坝轴线与两岸的连接在转弯半径与坡度方面应满足交通上的要求。

对于用来封闭挡水高程不足的山窿口的副坝，不应片面追求工程量小，而将坝轴线布置在窿口的山脊上。这样的坝坡可能产生局部滑动，容易使坝体产生裂缝。在这种情况下，一般将副坝的轴线布置在山脊略上游处，避免下游出现贴坡式填土坝坡；如下游山坡过陡，还应适当削坡以满足稳定要求。

（2）泄水及取水建筑物的布置

泄水及取水建筑物的类型和布置，常决定于挡水建筑物所采用的坝型和坝址附近的地质条件。

土坝枢纽：土坝枢纽一般均采用河岸溢洪道作为主要的泄水建筑物，而取水建筑物及辅助的泄水建筑物，则采用开凿于两岸山体中的隧洞或埋于坝下的涵管。若两岸地势陡峭，但有高程合适的马鞍形窑口，或两岸地势平缓且有马鞍形山脊，以及需要修建副坝挡水的地方，其后又有便于洪水归河的通道，则是布置河岸溢洪道的良好位置。如果在这些位置上布置溢洪道进口，但其后的泄洪线路是通向另一河道的，只要经济合理且对另一河道的防洪问题能做妥善处理的，也是比较好的方案。对于上述利用有利条件布置溢洪道的土坝枢纽，枢纽中其他建筑物的布置一般容易满足各自的要求，干扰性也较小。当坝址附近或其上游较远的地方均无上述有利条件时，则常采用坝肩溢洪道的布置形式。

重力坝枢纽：对于混凝土或浆砌石重力坝枢纽，通常采用河床式溢洪道（溢流坝段）作为主要泄水建筑物，而取水建筑物及辅助的泄水建筑物采用设置于坝体内的孔道或开凿于两岸山体中的隧洞。泄水建筑物的布置应使下泄水流方向尽量与原河流轴线方向一致，以利于下游河床的稳定。沿坝轴线上地质情况不同时，溢流坝应布置在比较坚实的基础上。在含沙量大的河流上修建水利枢纽时，泄水及取水建筑物的布置应考虑水库淤积和对下游河床冲刷的影响，一般在多泥沙河流上的枢纽中，常设置大孔径的底孔或隧洞，汛期用来泄洪并排沙，以延长水库寿命；如汛期洪水中带有大量悬移质的细微颗粒时，应研究采用分层取水结构并利用泄水排沙孔来解决浊水长期化问题，减轻对环境的不利影响。

（3）电站、航运及过木等专门建筑物的布置

对于水电站、船闸、过木等专门建筑物的布置，最重要的是保证它们具有良好的运用条件，并便于管理。关键是进、出口的水流条件。布置时，须选择好这些建筑物本身及其进、出口的位置，并处理好它们与泄水建筑物及其进、出口之间的关系。

电站建筑物的布置应使通向上、下游的水道尽量短、水流平顺，水头损失小，进水口应不致被淤积或受到冰块等的冲击；尾水渠应有足够的深度和宽度，平面弯曲度不大，且深度逐渐变化，并与自然河道或渠道平顺连接；泄水建筑物的出口水流或消能设施，应尽量避免抬高电站尾水位。此外，电站厂房应布置在好的地基上，以简化地基处理，同时还应考虑尾水管的高程，避免石方开挖过大；厂房位置还应争取布置在可以先施工的地方，以便早日投入运转。电站最好靠近临交通线的河岸，密切与公路或铁路的联系，便于设备的运输；变电站应有合理的位置，应尽量靠近电站。航运设施的上游进口及下游出口处应

有必要的水深，方向顺直并与原河道平顺连接，而且没有或仅有较小的横向水流，以保证船只、木筏不被冲入溢流孔口，船闸和码头或筏道及其停泊处通常布置在同一侧，不宜横穿溢流坝前缘，并使船闸和码头或筏道及其停泊处之间的航道尽量地短，以便在库区内风浪较大时仍能顺利通航。

船闸和电站最好分别布置于两岸，以免施工和运用期间的干扰。如必须布置在同一岸时，则水电站厂房最好布置在靠河一侧，船闸则靠河岸或切入河岸中布置，这样易于布置引航道。筏道最好布置在电站的另一岸。筏道上游常须设停泊处，以便重新绑扎木或竹筏。

在水利枢纽中，通航、过木以及过鱼等建筑物的布置均应与其形式和特点相适应，以满足正常的运用要求。

第三节　水库施工

一、水库施工的要点

（一）做好前期设计工作

水库工程设计单位必须明确设计的权利和责任，对于设计规范，由设计单位在设计过程中实施质量管理。设计的流程和设计文件的审核，设计标准和设计文件的保存和发布等一系列都必须依靠工程设计质量控制体系。在设计交接时，由设计单位派出设计代表，做好技术交接和技术服务工作。在交接过程中，要根据现场施工的情况，对设计进行优化，进行必要的调整和变更。对于项目建设过程中确有需要的重大设计变更、子项目调整、建设标准调整、概算调整等，必须组织开展充分的技术论证，由业主委员会提出编制相应文件，报上级部门审查，并报请项目原复核、审批单位履行相应手续；一般设计变更，项目主管部门和项目法人等也应及时履行相应审批程序，由监理审查后报总工批准。对设计单位提交的设计文件，先由业主总工审核后交监理审查，不经监理工程师审查批准的图纸，不能交付施工。坚决杜绝以"优化设计"为名，人为擅自降低工程标准、减少建设内容，造成安全隐患。

（二）强化施工现场管理

严格进行工程建设管理，认真落实项目法人责任制、招标投标制、建设监理制和合同管理制，确保工程建设质量、进度和安全。业主与施工单位签订的施工承包合同条款中的质量控制、质量保证、要求与说明，承包商根据监理指示，必须遵照执行。承包商在施工过程中必须坚持"三检制"的质量原则，在工序结束时必须经业主现场管理人员或监理工程师值班人员检查、认可，未经认可不得进入下道工序施工，对关键的施工工序，均建立有完整的验收程序和签证制度，甚至监理人员跟班作业。施工现场值班人员采用旁站形式跟班监督承包商按合同要求进行施工，把握住项目的每一道工序，坚持做到"五个不准"。为了掌握和控制工程质量，及时了解工程质量情况，对施工过程的要素进行核查，并做出施工现场记录，换班时经双方人员签字，值班人员对记录的完整性和真实性负责。

（三）加强管理人员协商

为了协调施工各方关系，业主驻现场工程处每日召开工程现场管理人员碰头会，检查每日工程进度情况、施工中存在的问题，提出改进工作的意见。监理部每月五日、二十五日召开施工单位生产协调会议，由总监主持，重点解决亟须解决的施工干扰问题，会议形成纪要文件，结束后承包商按工程师的决定执行。根据《工程质量管理实施细则》，施工质量责任按"谁施工谁负责"的原则，承包商加强自检工作，并对施工质量终身负责，坚决执行"质量一票否决权"制度，出现质量事故严格按照事故处理"三不放过"的原则严肃处理。

（四）构建质量监督体系

水库工程质量监督可通过查、看、问、核的方式实施工程质量的监督。查，即抽查：通过严格地对参建各方有关资料的抽查，如，抽查监理单位的监理实施细则，监理日志；抽查施工单位的施工组织设计，施工日志、监测试验资料等。看，即查看工程实物：通过对工程实物质量的查看，可以判断有关技术规范、规程的执行情况。一旦发现问题，应及时提出整改意见。问，即查问参建对象：通过对不同参建对象的查问，了解相关方的法律、法规及合同的执行情况，一旦发现问题，及时处理。核，即核实工程质量：工程质量评定报告体现了质量监督的权威性，同时对参建各方的行为也起到监督作用。

（五）选取泄水建筑物

水库工程泄水建筑物类型有两种，表面溢洪道和深式泄水洞，其主要作用是输沙和泄洪。不管属于哪种类型，其底板高程的确定是重点，具体有两方面要求应考虑：

1. 根据国家防洪标准的要求，在调洪演算过程中，若以原底板高程为准确定的坝顶高程，低于现状坝顶高程，会造成现状坝高的严重浪费。因此在满足原库区淹没线前提下，除险加固底板高程应适当抬高，同时对底板抬高前后进行经济和技术对比，确保现状坝高充分利用。

2. 对泄水建筑物进口地形的测量应做到精确无误，并根据实测资料分析泄洪洞进口淤积程度，有无阻死进口现象，是否会影响水库泄洪，对抬高底板的多少应进行经济分析，同时分析下游河道泄流能力。

（六）合理确定限制水位

通常一些水库防洪标准是否应降低须根据坝高以及水头高度而定。若15m以下坝高土坝且水头小于10m，应采用平原区标准，此类情况水库防洪标准相应降低。调洪时保证起调水位合理性应分析考虑两点：第一，若原水库设计中无汛期限制水位，仅存在正常蓄水位时，在调洪时应以正常蓄水位作为起调水位。第二，若原计划中存在汛期限制水位，则应该把原汛期限制水位当作参考依据，同时对水库汛期后蓄水情况做相应的调查，分析水库管理积累的蓄水资料，总结汛末规律，径流资料从水库建成至今，汛末至第二年灌溉用水止，若蓄至正常蓄水位年份占水库运行年限比例应小于20%，应利用水库多年的来水量进行适当插补延长，重新确定汛期限制水位，对水位进行起调。若蓄至正常蓄水位的年份占水库运行年限的比例大于20%，应采用原汛期限制水位为起调水位。

（七）精细计算坝顶高程

近年来我国防洪标准有所降低，若采用起调水位进行调洪，坝顶高程与原坝顶高程会在计算过程中产生较大误差，因此确定坝顶高程应利用现有水利资源，以现有坝顶高程为准进行调洪，直至计算坝顶高程接近现状坝顶高程为止。这种做法的优点是利用现有水利资源，相对提高了水库的防洪能力。

二、水库工程大坝施工工艺流程

（一）上游平台以下施工工艺流程

浆砌石坡脚砌筑和坝坡处理→粗砂铺筑→土工布铺设→筛余卵砾石铺筑和碾压→碎石垫层铺筑→砼砌块护坡砌筑→砼锚固梁浇筑→工作面清理。

（二）上游平台施工工艺流程

平台面处理→粗砂铺筑→天然砂砾料铺筑和碾压→平台砼锚固梁浇筑→砌筑十字波浪砖→工作面清理。

（三）上游平台以上施工工艺流程

坝坡处理→粗砂铺筑→天然砂砾料铺筑碾压→筛余卵砾石铺筑和碾压→碎石垫层铺筑→砼预制砌块护坡砌筑→砼锚固梁及坝顶砼封顶浇注→工作面清理。

（四）下游坝脚排水体处施工工艺流程

浆砌石排水沟砌筑和坝坡处理→土工布铺设→筛余卵砾石分层铺筑和碾压→碎石垫层铺筑→水工砖护坡砌筑→工作面清理。

（五）下游坝脚排水体以上施工工艺流程

坝坡处理→天然砂砾料铺筑和碾压→砼预制砌块护坡砌筑→工作面清理。

三、水库除险加固

土坝需要检查是否有上下游贯通的孔洞，防渗体是否有破坏、裂缝，是否有过大的变形，造成垮塌的迹象。混凝土坝需要检查混凝土的老化、钢筋的锈蚀程度等，是否存在大幅度的裂缝。还有进、出水口的闸门、渠道、管道是否需要更换、修复等。库区范围内是否有滑坡体、山坡蠕变等问题。

（一）病险水库治理，提高质量，从下面几个方面入手

（1）继续坚持病险水库除险加固建设进度必须半月报制度，按照"分级管理，分级负责"的原则，各级政府都应该建立相应的专项治理资金。每月对地方的配套资金应该到位、投资的完成情况、完工情况、验收情况等进行排序，采取印发文件和网站公示等方式向全国通报。通过信息报送和公示，实时掌握各地进展情况，动态监控，及时研判，分析制约年底完成3年目标任务的不利因素，为下一步工作提供决策参考。同时，结合病险水库治理的进度，积极稳妥地搞好小型水库的产权制度改革。有除险加固任务的地方也要层层建立健全信息报送制度，指定熟悉业务、认真负责的人员具体负责，保证数据报送及时、准确；同时，对全省、全市所有正在进行的项目进展情况进行排序，与项目的政府主管部门责任人和建设单位责任人名单一并公布，以便接受社会监督。病险水库加固规划时，应考虑增设防汛指挥调度网络及水文水情测报自动化系统、大坝监测自动化系统等先进的管理设施。而且要对不能满足需要的防汛道路及防汛物资仓库等管理设施一并予以改造。

（2）加强管理，确保工程的安全进行，督促各地进一步加强对病险水库除险加固的组织实施和建设管理，强化施工过程的质量与安全监管，以确保工程质量和施工的安全，确保目

标任务全面完成。一是要狠抓建设管理，认真执行项目法人责任制、招标投标制、建设监理制，加强对施工现场组织和建设管理、科学调配施工力量，努力调动参建各方积极性，切实把项目组织好、实施好。二是狠抓工作重点，把任务重、投资多、工期长的大中型水库项目作为重点，把项目多的市县作为重点，有针对性地开展重点指导、重点帮扶。三是狠抓工程验收，按照项目验收计划，明确验收责任主体，科学组织，严格把关，及时验收，确保项目年底前全面完成竣工验收或投入使用验收。四是狠抓质量关与安全关，强化施工过程中的质量与安全监管，建立完善的质量保证体系，真正做到建设单位认真负责、监理单位有效控制、施工单位切实保证，政府监督务必到位，确保工程质量和施工安全。

（二）水库除险加固的施工

加强对施工人员的文明施工宣传，加强教育，统一思想，使广大干部职工认识到文明施工是企业形象、队伍素质的反映，是安全生产的必要保证，增强现场管理和全体员工文明施工的自觉性。在施工过程中协调好与当地居民、当地政府的关系，共建文明施工窗口。明确各级领导及有关职能部门和个人的文明施工的责任和义务，从思想上、管理上、行动上、计划上和技术上重视起来，切实提高现场文明施工的质量和水平。健全各项文明施工的管理制度，如岗位责任制、会议制度、经济责任制、专业管理制度、奖罚制度、检查制度和资料管理制度。对不服从统一指挥和管理的行为，要按条例严格执行处罚。在开工前，全体施工人员认真学习水库文明公约，遵守公约的各种规定。在现场施工过程中，施工人员的生产管理符合施工技术规范和施工程序要求，不违章指挥，不蛮干。对施工现场不断进行整理、整顿、清扫、清洁和素养，有效地实现文明施工。合理布置场地，各项临时施工设施必须符合标准要求，做到场地清洁、道路平顺、排水通畅、标志醒目、生产环境达到标准要求。按照工程的特点，加强现场施工的综合管理，减少现场施工对周围环境的一切干扰和影响。自觉接受社会监督。要求施工现场坚持做到工完料清，垃圾、杂物集中堆放整齐，并及时处理；坚持做到场地整洁、道路平顺、排水畅通、标志醒目，使生产环境标准化，严禁施工废水乱排放，施工废水严格按照有关要求经沉淀处理后用于洒水降尘。加强施工现场的管理，严格按照有关部门审定批准的平面布置图进行场地建设。临时建筑物、构筑物要求稳固、整洁、安全，并且满足消防要求。施工场地采用全封闭的围挡形成，施工场地及道路按规定进行硬化，其厚度和强度要满足施工和行车的需要。按设计架设用电线路，严禁任意拉线接电，严禁使用所有的电炉和明火烧煮食物。施工场地和道路要平坦、通畅并设置相应的安全防护设施及安全标志。按要求在工地主要出入口设置交通指令标志和警示灯，安排专人疏导交通，保证车辆和行人的安全。工程材料、制品构件分门别类、有条有理地堆放整齐；机具设备定机、定人保养，并保持运行正常，机容整洁。同时在施工中严格按照审定的施工组织设计实施各道工序，做到工完料清，场地上无淤泥积水，施工道路平整畅通，以实现文明施工。合理安排施工，尽可能使用低噪声设备严格控制噪声，对于特殊设备要采取降噪声措施，以尽可能地减少噪声对周边环境的影响。现场施工人员要统一着装，一律佩戴胸卡和安全帽，遵守现场各项规章和制度，非施工人员严禁进入施工现场。加强土方施工管理。弃渣不得随意弃置，并运至规定的弃渣场。外运和内运土方时决不准超高，并采取遮盖维护措施，防止泥土沿途遗漏污染到马路。

第四节　堤防施工

一、水利工程堤防施工

（一）堤防工程的施工准备工作

1. 施工注意事项

施工前应注意施工区内埋于地下的各种管线，建筑物废基、水井等各类应拆除的建筑物，并与有关单位一起研究处理措施方案。

2. 测量放线

测量放线非常重要，因为它贯穿于施工的全过程，从施工前的准备，到施工中，到施工结束以后的竣工验收，都离不开测量工作。如何把测量放线做快做好，是对测量技术人员一项基本技能的考验和基本要求。目前堤防施工中一般都采用全站仪进行施工控制测量，另外配置水准仪、经纬仪，进行施工放样测量。

（1）测量人员依据监理提供的基准点、基线、水准点及其他测量资料进行核对、复测监理施工测量控制网，报请监理审核，批准后予以实施，以利于施工中随时校核。

（2）精度的保障。工程基线相对于相邻基本控制点，平面位置误差不超过±30～50mm，高程误差不超过±30mm。

（3）施工中对所有导线点、水准点进行定期复测，对测量资料进行及时、真实的填写，由专人保存，以便归档。

3. 场地清理

场地清理包括植被清理和表土清理。其范围包括永久和临时工程、存弃渣场等施工用地需要清理的全部区域的地表。

（1）植被清理：用推土机清除开挖区域内的全部树木、树根、杂草、垃圾及监理人指明的其他有碍物，运至监理工程师指定的位置。除监理人另有指示外，主体工程施工场地地表的植被清理，必须延伸至施工图所示最大开挖边线或建筑物基础边线（或填筑边脚线）外侧至少5m距离。

（2）表土清理：用推土机清除开挖区域内的全部含细根、草本植物及覆盖草等植物的表层有机土壤，按照监理人指定的表土开挖深度进行开挖，并将开挖的有机土壤运至指定地区存放待用。防止土壤被冲刷流失。

（二）堤防工程施工放样与堤基清理

在施工放样中，首先沿堤防纵向定中心线和内外边脚，同时钉以木桩，要把误差控制在规定值内。当然根据不同堤形，可以在相隔一定距离内设立一个堤身横断面样架，以便能够为施工人员提供参照。堤身放样时，必须按照设计要求预留堤基、堤身的沉降量。而在正式开工前，还需要进行堤基清理，清理的范围主要包括堤身、铺盖、压载的基面，其边界应在设计基面边线外30~50cm。如果堤基表层出现不合格土、杂物等，就必须及时清除，针对堤基范围内的坑、槽、沟等部分，需要按照堤身填筑要求进行回填处理。同时需要把松地表，这样才能保证堤身与基础结合。当然，假如堤线必须通过透水地基或软弱地基，就必须对堤基进行必要的处理，处理方法可以按照土坝地基处理的方法进行。

（三）堤防工程度汛与导流

堤防工程施工期跨汛期施工时，度汛、导流方案应根据设计要求和工程需要编制，并报有关单位批准。挡水堤身或围堰顶部高程，按照度汛洪水标准的静水位加波浪爬高与安全加高确定。当度汛洪水位的水面吹程小于500m、风速在5级（风速10m/s）以下时，堤顶高程可仅考虑安全加高。

二、堤防工程防渗施工技术

（一）堤防发生险情的种类

堤防发生险情包括开裂、滑坡和渗透破坏，其中，渗透破坏尤为突出。渗透破坏的类型主要有接触流土、接触冲刷、流砂、管涌、集中渗透等。由渗透破坏造成的堤防险情主要有：

1. 堤身险情

该类险情的造成原因主要是堤身填筑密实度以及组成物质的不均匀所致，如堤身土壤组成是砂壤土、粉细沙土壤，或者堤身存在裂缝、孔洞等。跌窝、漏洞、脱坡、散浸是堤身险情的主要表现。

2. 堤基与堤身接触带险情

该类险情的造成原因是建筑堤防时，没有清基，导致堤基与堤身的接触带的物质复杂、混乱。

3. 堤基险情

该类险情是由于堤基构成物质中包含了砂壤土和砂层，而这些物质的透水性又极强所致。

（二）堤防防渗措施的选用

在选择堤防工程的防渗方案时，应当遵循以下原则：首先，对于堤身防渗，防渗体可选择劈裂灌浆、锥探灌浆、截渗墙等。在必要情况下，可以增加堤身厚度，或挖除、刨松堤身后，重新碾压并填筑堤身。其次，在进行堤防截渗墙施工时，为降低施工成本，要注意采用廉价、薄墙的材料。较为常用的造墙方法有开槽法、挤压法、深沉法，其中，深沉法的费用最低，对于 v20m 的墙深最宜采用该方法。高喷法的费用要高些，但在地下障碍物较多、施工场地较狭窄的情况下，该方法的适应性较高。若地层中含有的砂卵砾石较多且颗粒较大时，应结合使用冲击钻和其他开槽法，该法的造墙成本会相应提高不少。对于该类地层上堤段险情的处理，还可使用盖重、反滤保护、排水减压等措施。

（三）堤防堤身防渗技术分析

1. 黏土斜墙法

黏土斜墙法，是先开挖临水侧堤坡，将其挖成台阶状，再将防渗黏性土铺设在堤坡上方，铺设厚度≥2m，并要在铺设过程中将黏性土分层压实。对于堤身临水侧滩地足够宽且断面尺寸较小的情况，适宜使用该方法。

2. 劈裂灌浆法

劈裂灌浆法，是指利用堤防应力的分布规律，通过灌浆压力在沿轴线方向将堤防劈裂，再灌注适量泥浆形成防渗帷幕，使堤身防渗能力加强。该方法的孔距通常设置为10m，但在弯曲堤段，要适当缩小孔距。对于沙性较重的堤防，不适宜使用劈裂灌浆法，这是因为沙性过重，会使堤身弹性不足。

3. 表层排水法

表层排水法，是指在清除背水侧堤坡的石子、草根后，喷洒除草剂，然后铺设粗砂，铺设厚度在20cm左右，再一次铺设小石子、大石子，每层厚度都为20cm，最后铺设块石护坡，铺设厚度为30cm。

4. 垂直铺塑法

垂直铺塑法，是指使用开槽机在堤顶沿着堤轴线开槽，开槽后，将复合土工膜铺设在槽中，然后使用黏土在其两侧进行回填。该方法对复合土工膜的强度和厚度要求较高。若将复合土工膜深入至堤基的弱透水层中，还能起到堤基防渗的作用。

（四）堤基的防渗技术分析

1. 加盖重技术

加盖重技术，是指在背水侧地面增加盖重，以减小背水侧的出流水头，从而避免堤基渗流破坏表层土，使背水地面的抗浮稳定性增强，降低其出逸比降。针对下卧透水层较深、覆盖层较厚的堤基，或者透水地基，都适宜采用该方法进行处理。在增加盖重的过程中，要选择透水性较好的土料，至少要等于或大于原地面的透水性。而且不宜使用沙性太大的盖重土体，因为沙性太大易造成土体沙漠化，影响周围环境。若盖重太长，要考虑联合使用减压沟或减压井。如果背水侧为建筑密集区或是城区，则不适宜使用该方法。对于盖重高度、长度的确定，要以渗流计算结果为依据。

2. 垂直防渗墙技术

垂直防渗墙技术，是指在堤基中使用专用机建造槽孔，使用泥浆加固墙壁，再将混合物填充至槽孔中，最终形成连续防渗体。悬挂式防渗墙：悬挂式防渗墙是垂直防渗措施，悬挂式防渗墙的厚度主要由防渗要求、抗渗耐久性、墙体的应力与强度以及施工设备等因素确定。其中，悬挂式防渗墙的耐久性是指抵抗渗流侵蚀和化学溶蚀的性能，这两种破坏作用都与水力梯度有关，因此，悬挂式防渗墙厚度的确定主要是从水力梯度考虑的。全封闭式防渗墙：是指防渗墙穿过相对强透水层，且底部深入到相对弱透水层中，在相对弱透水层下方没有相对强透水层。通常情况下，该防渗墙的底部会深入到深厚黏土层或弱透水性的基岩中。若在较厚的相对强透水层中使用该方法，会增加施工难度和施工成本。该方式会截断地下水的渗透径流，故其防渗效果十分显著，但同时也易发生地下水排泄、补给不畅的问题。所以会对生态环境造成一定的影响。

半封闭式防渗墙：是指防渗墙经过相对强透水层深入弱透水层中，在相对弱透水层下方有相对强透水层。该方法防渗稳定性效果较好。影响其防渗效果的因素较多，主要有相对强透水层和相对弱透水层各自的厚度、连续性、渗透系数等。该方法不会对生态环境造成影响。

三、堤防绿化的施工

（一）堤防绿化在功能上下功夫

1. 防风消浪，减少地面径流

堤防防护林可以降低风速、削减波浪，从而减小水对大堤的冲刷。绿色植被能够有效地抵御雨滴击溅、降低径流冲刷，减缓河水冲淘，起到护坡、固基、防浪等方面的作用。

2. 以树养堤、以树护堤，改善生态环境

合理的堤防绿化能有效地改善堤防工程区域性的生态景观，实现养堤、护堤、绿化、美化的多功能，实现堤防工程的经济、社会和生态三方面效益相得益彰，为全面建设和谐社会提供和谐的自然环境。

3. 缓流促淤、护堤保土，保护堤防安全

树木干、叶、枝有阻滞水流作用，干扰水流流向，使水流速度放缓，对地表的冲刷能力大大下降，从而使泥沉沙落。同时林带内树木根系纵横，使泥土形成整体，大大提高了土壤的抗冲刷能力，保护堤防安全。

4. 净化环境，实现堤防生态效益

枝繁叶茂的林带，通过叶面的水分蒸腾，起到一定排水作用，可以降低地下水位，能在一定程度上防止由于地下水位升高而引起的土壤盐碱化现象。另外防护林还能储存大量的水资源，维持环境的湿度，改善局部循环，形成良好的生态环境。

（二）堤防绿化在植树上保成活

理想的堤防绿化是从堤脚到堤肩的绿化，是一条绿色的屏障，是一道天然的生态保障线，它可以成为一条亮丽的风景线。不但要保证植树面积，还要保证树木的存活率。

1. 健全管理制度

领导班子要高度重视，成立专门负责绿化苗木种植管理领导小组，制定绿化苗木管理责任制、实施细则、奖惩办法等一系列规章制度。直接责任到人，真正实现分级管理、分级监督、分级落实，全面推动绿化苗木种植管理工作。为打造"绿色银行"起到保驾护航和良好的监督落实作用。

2. 把好选苗关

近年来，一些地区堤防上的"劣质树""老头树"，随处可见，成材缓慢，不仅无经

济效益可言，还严重影响堤防环境的美化，制约经济的发展。要选择种植成材快、木质好，适合黄土地带生长的既有观赏价值又有经济效益的树种。

3. 把好苗木种植关

堤防绿化的布局要严格按照规划，植树时把高低树苗分开，高低苗木要顺坡排开，既整齐美观，又能够使苗木采光充分，有利于生长。绿化苗木种植进程中，根据绿化计划和季节的要求，从苗木品种、质量、价格、供应能力等多方面入手，严格按照计划选择苗木。要严格按照三埋、两踩、一提苗的原则种植，认真按照专业技术人员指导植树的方法、步骤、注意事项完成，既保证整齐美观，又能确保成活率。

（1）三埋

所谓三埋就是：植树填土分 3 层，即挖坑时要将挖出的表层土 1/3、中层土 1/3、底层土 1/3 分开堆放。在栽植前先将表层土填于坑底，然后将树苗放于坑内，使中层土还原，底层土作为封口使用。

（2）两踩

所谓两踩就是：中层土填过后进行人工踩实，封堆后再进行一次人工踩实，可使根部周围土密实，保墒抗倒。

（3）一提苗

所谓一提苗就是指有根系的树苗，待中层土填入后，在踩实前先将树苗轻微上提，使弯乱的树根舒展，便于扎根。

（三）堤防绿化在管理上下功夫

巍巍长堤，人、水、树相依，堤、树、河相伴。堤防变成绿色风景线，这需要堤防树木的"保护伞"的支撑。

1. 加强法律法规宣传，加大对沿堤群众的护林教育

利用电视、广播、宣传车、散发传单、张贴标语等各种方式进行宣传，目的是使广大群众从思想上认识到堤防绿化对保护堤防安全的重要性和必要性，增强群众爱树、护树的自觉性，形成全员管理的社会氛围。对乱砍滥伐的违法乱纪行为进行严格查处，提高干部群众的守法意识，自觉做环境的绿化者。

2. 加强树木呵护，组织护林专业队

根据树木的生长规律，时刻关注树木的生长情况，做好保墒、施肥、修剪等工作，满足树木不同时期生长的需要。

3. 防治并举，加大对林木病虫害防治的力度

在沿堤设立病虫害观测站，并坚持每天巡查，一旦发现病虫害，及时除治，及时总结树木的常见病、突发病害，交流防治心得、经验，控制病虫害的泛滥。例如：杨树虽然生长快、材质好、经济价值高，但幼树抗病虫害能力差。易发病虫害有：溃疡病、黑斑病、桑天牛、潜叶蛾等。针对溃疡病、黑斑病主要通过施肥、浇水增加营养水分，使其强壮；针对桑天牛害虫，主要采用清除枸、桑树，断其食源，对病树虫眼插毒签、注射1605、氧化乐果50倍或者100倍溶液等办法；针对潜叶蛾等害虫主要采用人工喷洒灭幼脉药液的办法。

（四）堤防防护林发展目标

1. 抓树木综合利用，促使经济效益最大化

为创经济效益和社会效益双丰收，在路口、桥头等重要交通路段，种植一些既有经济价值，又有观赏价值的美化树种，以适应旅游景观的要求，创造美好环境，为打造水利旅游景观做基础。

2. 乔灌结合种植，缩短成材周期

乔灌结合种植，树木成材快，经济效益明显。乔灌结合种植可以保护土壤表层的水土，有效防止水土流失，协调土壤水分。另外，灌木的叶子腐烂后，富含大量的腐殖质，既防止土壤板结，又改善土壤环境，促使植物快速生长，形成良性循环，缩短成才的周期。

3. 坚持科技兴林，提升林业资源多重效益

在堤防绿化实践中，要勇于探索，大胆实践，科学造林。积极探索短周期速生丰产林的栽培技术和管理模式。加大林木病虫害防治力度。管理人员要经常参加业务培训，实行走出去，引进来的方式，不断提高堤防绿化水准。

4. 创建绿色长廊，打造和谐的人居环境

为了满足人民日益提高的物质文化生活的需要，在原来绿化、美化的基础上，建设各具特色的堤防公园，使它成为人们休闲娱乐的好去处，实现经济效益、社会效益的双丰收。

四、生态堤防建设概述

（一）生态堤防的含义

生态堤防是指恢复后的自然河岸或具有自然河岸水土循环的人工堤防。主要是通过扩大水面积和绿地、设置生物的生长区域、设置水边景观设施、采用天然材料的多孔性构造

等措施来实现河道生态堤防建设。在实施过程中要尊重河道实际情况，根据河岸原生态状况，因地制宜，在此基础上稍加"生态加固"，不要做过多的人为建设。

（二）生态堤防建设的必要性

原来河道堤防建设，仅是加固堤岸、裁弯取直、修筑大坝等工程，满足了人们对于供水、防洪、航运的多种经济要求。但水利工程对于河流生态系统可能造成不同程度的负面影响：一是自然河流的人工渠道化，包括平面布置上的河流形态直线化，河道横断面几何规则化，河床材料的硬质化；二是自然河流的非连续化，包括筑坝导致顺水流方向的河流非连续化，筑堤引起侧向的水流连通性的破坏。

（三）生态堤防的作用

生态堤防在生态的动态系统中具有多种功能，主要表现在：①成为通道，具有调节水量、滞洪补枯的作用。堤防是水陆生态系统内部及相互之间生态流动的通道，丰水期水向堤中渗透储存，减少洪灾；枯水期储水反渗入河或蒸发，起着滞洪补枯、调节气候的作用。传统上用混凝土或浆砌块石护岸，阻隔了这个系统的通道，就会使水质下降。②过滤的作用，提高河流的自净能力。生态河堤采用种植水中植物，从水中吸取无机盐类营养物，利于水质净化。③能形成水生态特有的景观。堤防有自己特有的生物和环境特征，是各种生态物种的栖息地。

（四）生态堤防建设效益

生态堤防建设改善了水环境的同时，也改善了城市生态、水资源和居住条件，并强化了文化、体育、休闲设施，使城市交通功能、城市防洪等再上新的台阶，对于优化城市环境，提升城市形象，改善投资环境，拉动经济增长，扩大对外开放，都将产生直接影响。

第五节 水闸施工

一、水闸工程地基开挖施工技术

开挖分为水上开挖和水下开挖。其中涵闸水上部分开挖、旧堤拆除等为水上开挖，新建堤基础面清理、围堰形成前水闸处淤泥清理开挖为水下开挖。

（一）水上开挖施工

水上开挖采用常规的旱地施工方法。施工原则为"自上而下，分层开挖"。水上开挖包括旧堤拆除、水上边坡开挖及基坑开挖。

1. 旧堤拆除

旧堤拆除在围堰保护下干地施工。为保证老堤基础的稳定性和周边环境的安全性，旧堤拆除不采用爆破方式。干、砌块石部分采用挖掘机直接挖除，开挖渣料可利用部分装运用于石渣填筑，其余弃料装运至监理指定的弃渣场。

2. 水上边坡开挖

开挖方式采取旱地施工，挖掘机挖除；水上开挖由高到低依次进行，均衡下降。待围堰形成和水上部分卸载开挖工作全部结束后，方可进行基坑抽水工作，以确保基坑的安全稳定。开挖料可利用部分用于堤身和内外平台填筑，其余弃料运至指定弃料场。

3. 基坑开挖与支护

基坑开挖在围堰施工和边坡卸载完毕后进行，开挖前首先进行开挖控制线和控制高程点的测量放样等。开挖过程中要做好排水设施的施工，主要有：开挖边线附近设置临时截水沟，开挖区内设干码石排水沟，干码石采用挖掘机压入作为脚槽。另设混凝土护壁集水井，配水泵抽排，以降低基坑水位。

（二）水下开挖施工

水下开挖施工主要为水闸基坑水下流溯状淤泥开挖。

1. 水下开挖施工方法

（1）施工准备

水下开挖施工准备工作主要有：弃渣场的选择、机械设备的选型等。

（2）测量放样

水下开挖的测量放样拟采用全站仪进行水上测量，主要测定开挖范围。浅滩可采用打设竹竿作为标记，水较深的地方用浮子作标记；为避免开挖时毁坏测量标志，标志可设在开挖线外 10m 处。

（3）架设吹送管、绞吸船就位

根据绞吸船的吹距（最大可达 1000m）和弃渣场的位置，吹送管可架设在陆上，也可架设在水上或淤泥上。

（4）绞吸吹送施工

绞吸船停靠就位、吹送管架设牢固后，即可开始进行绞吸开挖。

2. 涵闸基坑水下开挖

（1）涵闸水下基坑描述

涵闸前后河道由于长期双向过流，其表层主要为流塑状淤泥，对后期干地开挖有较大影响，因此须先采用水下开挖方式清除掉表层淤泥。

（2）施工测量

施工前，对涵闸现状地形实施详细的测量，绘制原始地形图，标注出各部位的开挖厚度。一般采用 $50m^2$ 为分隔片，并在现场布置相应的标志指导施工。

（3）施工方法

在围堰施工前，绞吸船进入开挖区域，根据测量标志开始作业。

（三）开挖质量控制

1. 开挖前进行施工测量放样工作，以此控制开挖范围与深度，并做好过程中的检查。

2. 开挖过程中安排测量人员在现场观测，避免出现超、欠挖现象。

3. 开挖自上而下分层分段施工，随时做成一定的坡势，避免挖区积水。

4. 水下开挖时，随时进行水下测量，以保证基坑开挖深度。

5. 水闸基坑开挖完成后，沿坡脚打入木桩并堆砂包护面，维持出露边坡的稳定。

6. 开挖完成后对基底高程进行实测，并上报监理工程师审批，以利于下道工序迅速开展。

二、水闸施工导流

（一）导流施工

1. 导流方案

在水闸施工导流方案的选择上，多数是采用束窄滩地修建围堰的导流方案。水闸施工受地形条件的限制比较大，这就使得围堰的布置只能紧靠主河道的岸边，但是在施工中，岸坡的地质条件非常差，极易造成岸坡的坍塌，因此在施工中必须通过技术措施来解决此类问题。在围堰的选择上，要坚持选择结构简单及抗冲刷能力大的浆砌石围堰，基础还要用松木桩进行加固，堰的外侧还要通过红黏土夯措施来进行有效的加固。

2. 截流方法

在水利工程施工中，我国在堵坝的技术上累积了很多成熟的经验。在截流方法上要积极总结以往的经验，在具体截流之前要进行周密的设计，可以通过模型试验和现场试验来进行论证，采用平堵与立堵相结合的办法进行合龙。土质河床上的截流工程，戗堤常因压缩或冲蚀而形成较大的沉降或滑移，所以导致计算用料与实际用料会存在较大的出入，所以在施工中要增加一定的备料量，以保证工程的顺利施工。特别要注意，土质河床尤其是在松软的土层上筑戗堤截流要做好护底工程，这一工程是水闸工程质量实现的关键。根据以往的实践经验，应该保证护底工程范围的宽广性，对护底工程要排列严密，在护堤工程进行前，要找出抛投料物在不同流速及水深情况下的移动距离规律，这样才能保证截流工程中抛投料物的准确到位。对那些准备抛投的料物，要保证其在浮重状态及动静水作用下的稳定性能。

（二）水闸施工导流规定

1. 施工导流、截流及度汛应制定专项施工措施设计，重要的或技术难度较大的须报上级审批。

2. 导流建筑物的等级划分及设计标准应按《水利水电枢纽工程等级划分及设计标准》有关规定执行。

3. 当按规定标准导流有困难时，经充分论证并报主管部门批准，可适当降低标准；但汛期前，工程应达到安全度汛的要求。在感潮河口和滨海地区建闸时，其导流挡潮标准不应降低。

4. 在引水河、渠上的导流工程应满足下游用水的最低水位和最小流量的要求。

5. 在原河床上用分期围堰导流时，不宜过分束窄河面宽度，通航河道尚须满足航运的流速要求。

6. 截流方法、龙口位置及宽度应根据水位、流量、河床冲刷性能及施工条件等因素确定。

7. 截流时间应根据施工进度，尽可能选择在枯水、低潮和非冰凌期。

8. 对土质河床的截流段，应在足够范围内抛筑排列严密的防冲护底工程，并随龙口缩小及流速增大及时投料加固。

9. 合龙过程中，应随时测定龙口的水力特征值，适时改换投料种类、抛投强度和改进抛投技术。截流后，应即加筑前后戗堤，然后才能有计划地降低堰内水位，并完善导渗、防浪等措施。

10. 在导流期内，必须对导流工程定期进行观测、检查，并及时维护。

11. 拆除围堰前，应根据上下游水位、土质等情况确定充水、闸门开度等放水程序。

12. 围堰拆除应符合设计要求，筑堰的块石、杂物等应拆除干净。

第二章 水利工程管理的地位和作用

第一节 水利工程和水利工程管理的地位

水利工程是指在江河、湖泊和地下水源上开发、利用、控制、调配和保护水资源的各类工程。人类社会为了生存和可持续发展的需要，采取各种措施，适应、保护、调配和改变自然界的水和水域，以求在与自然和谐共处、维护生态环境的前提下，合理开发利用水资源，并为防治洪、涝、干旱、污染等各种灾害而修建的工程称为水利工程。在人类的文明史上，四大古代文明都发祥于著名的河流，如古埃及文明诞生于尼罗河畔，中华文明诞生于黄河、长江流域。丰富的水力资源不仅滋养了人类最初的农业，而且孕育了世界的文明。水利是农业的命脉，人类的农业史，也可以说是发展农田水利、克服旱涝灾害的战天斗地史。

人类社会自从进入 21 世纪后，社会生产规模日益扩大，对能源需求量越来越大，而现有的能源又是有限的。人类渴望获得更多的清洁能源，补充现在能源的不足，同时加上洪水灾害一直威胁着人类的生命财产安全，人类在积极治理洪水的同时又努力利用水能源，水利工程既满足了人类治理洪水的愿望，又满足了人类的能源需求。水利工程按服务对象或目的可分为：将水能转化为电能的水力发电工程；为防止、控制洪水灾害的防洪工程；防止水质污染和水土流失，维护生态平衡的环境水利工程和水土保持工程；防止旱、渍、涝灾害而服务于农业生产的农田水利工程，即排水工程、灌溉工程；为工业和生活用水服务，排除、处理污水和雨水的城镇供、排水工程；改善和创建航运条件的港口、航道工程；增进、保护渔业生产的渔业水利工程；满足交通运输需要、工农业生产的海涂围垦工程等。一项水利工程同时为发电、防洪、航运、灌溉等多种目标服务的水利工程，称为综合水利工程。我国正处在社会主义现代化建设的重要时期，为满足社会生产的能源需求及保证人民生命财产安全的需要，我国已进入大规模的水利工程开发阶段。水利工程给人类带来了巨大的经济、政治、文化效益。它具备防洪、发电、航运功能，对促进相关区域的社会、经济发展具有战略意义。水利工程引起的移民搬迁，促进了各民族间的经济、文化交流，有利于社会稳定。水利工程是文化的载体，大型水利工程所形成的共同的行为规则，促进了工程文化的发展，人类在治水过程中形成的哲学思想指导着水利工程实践。长期以来繁重的水利工程任务也对我国科学的水利工程管理产生了巨大的需求。

一、我国水利工程在国民经济和社会发展中的地位

我国是水利大国，水利工程是抵御洪涝灾害、保障水资源供给和改善水环境的基础建设工程，在国民经济中占有非常重要的地位。水利工程在防洪减灾、粮食安全、供水安全、生态建设等方面起到了很重要的保障作用，其公益性、基础性、战略性毋庸置疑。

我们国家向来重视水利工程的建设，治水历史源远流长，一部中华文明史也就是中国人民的治水史。古人云：治国先治水，有土才有邦。水利的发展直接影响到国家的发展，治水是个历史性难题。历史上著名的治水英雄有大禹、李冰、王景等。他们的治水思想都闪耀着中国古人的智慧光华，在治水方面取得了卓越的成绩。人类进入 21 世纪，科学技术日新月异，为了根治水患，各种水利工程也相继开建。特别是近十年来水利工程投资规模逐年加大，各地众多大型水利工程陆续上马，初步形成了防洪、灌溉、供水、发电等工程体系。由此可见，水利工程是支持国民经济发展的基础，其对国民经济发展的支撑能力主要表现为满足国民经济发展的资源性水需求，提供生产、生活用水，提供水资源相关的经济活动基础，如航运、养殖等，同时为国民经济发展提供环境性用水需求，发挥净化污水、容纳污染物、缓冲污染物对生态环境冲击等作用。如以商品和服务划分，则水利工程为国民经济发展提供了经济商品、生态服务和环境服务等。

新中国成立以来，大规模水利工程建设取得了良好的社会效益和经济效益，水利事业的发展为经济发展和人民安居乐业提供了基本保障。

长期以来，洪水灾害是世界上许多国家都发生的严重自然灾害之一，也是中华民族的心腹之患。由于中国水文条件复杂，水资源时空分布不均，与生产力布局不相匹配。独特的国情水情决定了中国社会发展对科学的水利工程管理的需求，这包括防治水旱灾害的任务需求，中国是世界上水旱灾害最为频发和威胁最大的国家，水旱灾害几千年来始终是中华民族生存和发展的心腹之患；新中国成立后，国家投入大量人力、物力和财力对七大流域和各主要江河进行大规模治理。由于人类活动的长期影响，气候变化异常，水旱灾害交替发生，并呈现愈演愈烈的趋势。长期干旱，土地沙漠化现象日益严重，从而更加剧了干旱的形势。而中国又拥有世界上最多的人口，支撑的人口经济规模特别巨大，是世界第二大经济体，中国过去几十年创造了世界最快经济增长纪录，面临的生态压力巨大，中国生态环境状况整体脆弱，庞大的人口规模和高速经济增长导致生态环境系统持续恶化。随着人口的增长和城市化的快速发展，干旱造成的用水缺口将会不断增大，干旱风险及损失亦将持续上升，而水利工程在防洪减灾方面，随着经济社会的快速发展，水利建设进程加

快，以三峡工程、南水北调工程为标志，一大批关系国计民生和经济发展的重点水利工程相继开工建设，我国已初步形成了大江大河大湖的防洪排涝工程体系，有效地控制了常遇洪水，抗御了大洪水和特大洪水，减轻了洪涝灾害损失，特别是确保黄河的岁岁安澜。总的来看，七大江河现有的防洪工程对占全国 1/3 人口，1/4 耕地，包括京、津、沪在内的许多重要城市，以及国家重要的铁路、公路干线都起到了安全保障作用。

在支撑经济社会发展方面，大量蓄水、引水、提水工程有效提升了我国水资源的调控能力和城乡供水保障能力。供水工程建设为国民经济发展、工农业生产、人民生活提供了必要的供水保障条件，发挥了重要的支撑作用，农村饮水安全人口、全国水电总装机容量、水电年发电量均有显著增加。因水利工程的建设以及科学的水利工程管理作用，全国水土流失综合治理面积也日益增加。

水利工程之所以能够发挥如此重要的作用，与科学的水利工程管理密不可分。由此可见水利工程管理在我国国民经济和社会发展中占据十分重要的地位。

二、我国水利工程管理在工程管理中的地位

工程管理是指为实现预期目标，有效地利用资源，对工程所进行的决策、计划、组织、指挥、协调与控制，是对具有技术成分的活动进行计划、组织、资源分配以及指导和控制的科学和艺术。工程管理的对象和目标是工程，是指专业人员运用科学原理对自然资源进行改造的一系列过程，可为人类活动创造更多便利条件。工程建设需要应用物理、数学、生物等基础学科知识，并在生产生活实践中不断总结经验。水利工程管理作为工程管理理论和方法论体系中的重要组成部分，既有与一般专业工程管理相同的共性，又有与其他专业工程管理不同的特殊性，其工程的公益性（兼有经营性、安全性、生态性等特征），使水利工程管理在工程管理体系中占有独特的地位。水利工程管理又是生态管理、低碳管理和循环经济管理，可以作为我国工程管理的重点和示范，对于我国转变经济发展方式、走可持续发展道路和建设创新型国家的影响深远。

水利工程管理是水利工程的生命线，贯穿于项目的始末，包含着对水利工程质量、安全、经济、适用、美观、实用等方面的科学、合理的管理，以充分发挥工程作用、提高使用效益。由于水利工程项目规模过大、施工条件比较艰难、涉及环节较多、服务范围较广、影响因素复杂、组成部分较多、功能系统较全，所以技术水平有待提高，在设计规划、地形勘测、现场管理、施工建筑阶段难免出现问题或纰漏，另外，由于水利设备长期处于水中作业受到外界压力、腐蚀、渗透、融冻等各方面影响，经过长时间的运作磨损速度较快，所以需要通过管理进行完善、修整、调试，以更好地进行工作，确保国家和人民生命与财产的安全、社会的进步与安定、经济的发展与繁荣，因此水利工程管理具有重要性和责任性。

第二节 水利工程管理对国民经济发展的推动作用

大规模水利工程建设可以取得良好的社会效益和经济效益，为经济发展和人民安居乐业提供基本保障，为国民经济健康发展提供有力支撑，水利工程是国民经济的基础性产业。大型水利工程是具有综合功能的工程，它具有巨大的防洪、发电、航运功能和一定的旅游、水产、引水和排涝等效益。它的建设对我国的华中、华东、西南三大地区的经济发展，促进相关区域的经济社会发展，具有重要的战略意义，对我国经济发展可产生深远的影响。大型水利工程将促进沿途城镇的合理布局与调整，使沿江原有城市规模扩大，促进新城镇的建立和发展、农村人口向城镇转移，使城镇人口上升，加快城镇化建设的进程。同时，科学的水利工程管理也与农业发展密切相关。而农业是国民经济的基础，建立起稳固的农业基础，首先要着力改善农业生产条件，促进农业发展。水利是农业的命脉，重点建设农田水利工程，优先发展农田灌溉是必然的选择。农田水利为国家粮食安全保障做出巨大贡献，巩固了农业在国民经济中的基础地位，从而保证国民经济能够长期持续地健康发展以及社会的稳定和进步。经济发展和人民生活的改善都离不开水，水利工程为城乡经济发展、人民生活改善提供了必要的保障条件，科学的水利工程管理又为水利工程的完备建设提供了保障。

我国水利工程管理对国民经济发展的推动作用主要体现在如下两方面。

一、对转变经济发展方式和可持续发展的推动作用

可持续发展观是相对于传统发展观而提出的一种新的发展观。传统发展观以工业化程度来衡量经济社会的发展水平。自18世纪初工业革命开始以来，在长达200多年的受人称道的工业文明时代，借助科学技术革命的力量，大规模地开发自然资源，创造了巨大的物质财富和现代物质文明，同时也使全球生态环境和自然资源遭到了最严重的破坏。显然，工业文明相对于小生产的"农业文明"而言，是一个巨大飞跃。但它给人类社会与大自然带来了巨大的灾难和不可估量的负效应，带来生态环境严重破坏、自然资源日益枯竭、自然灾害泛滥、人与人的关系严重异化、人的本性丧失等。"人口爆炸、资源短缺、环境恶化、生态失衡"已成为困扰全人类的四大显性危机，面对传统发展观支配下的工业文明带来的巨大负效应和威胁，自20世纪30年代以来，世界各国的科学家们开始不断地发出警告，理论界苦苦求索，人类终于领悟了一种新的发展观——可持续发展观。

从水资源与社会、经济、环境的关系来看，水资源不仅是人类生存不可替代的一种宝

贵资源，而且是经济发展不可缺少的一种物质基础，也是生态与环境维持正常状态的基础条件。因此，可持续发展，也就是要求社会、经济、资源、环境的协调发展。然而，随着人口的不断增长和社会经济的迅速发展，用水量也在不断增加，水资源的有限与社会经济发展、水与生态保护的矛盾愈来愈突出，例如出现的水资源短缺、水质恶化等问题。如果再按目前的趋势发展下去，水问题将更加突出，甚至对人类的威胁是灾难性的。

水利工程是我国全面建成小康社会和基本实现现代化宏伟战略目标的命脉、基础和安全保障。在传统的水利工程模式下，单纯依靠兴修工程防御洪水、依靠增加供水满足国民经济发展对于水的需求，这种通过消耗资源换取增长、牺牲环境谋取发展的方式，是一种粗放、扩张、外延型的增长方式。这种增长方式在支撑国民经济快速发展的同时，也付出了资源枯竭、环境污染、生态破坏的沉重代价，因而是不可持续的。

面对新的形势和任务，科学的水利工程管理有利于制定合理规范的水资源利用方式，科学的水利工程管理有利于我国经济发展方式从粗放、扩张、外延型转变为集约、内涵型。而且我国水利工程管理有利于开源节流、全面推进节水型社会建设，调节不合理需求，提高用水效率和效益，进而保障水资源的可持续利用与国民经济的可持续发展。再者其以提高水资源产出效率为目标，降低万元工业增加值用水量，提高工业水重复利用率，发展循环经济，为现代产业提供支撑。

当前，水资源供需矛盾突出仍然是可持续发展的主要瓶颈。马克思和恩格斯把人类的需要分成生存、享受和发展三个层次，从水利发展的需求角度就对应着安全性、经济性和舒适性三个层次。从世界范围的近现代治水实践来看，在水利事业发展面临的"两对矛盾"之中，通常优先处理水利发展与经济社会发展需求之间的矛盾。水利发展大体上可以由防灾减灾、水资源利用、水系景观整治、水资源保护和水生态修复五方面内容组成。以上五个方面之中，前三个方面主要是处理水利发展与经济社会系统之间的关系。后两个方面主要是处理水利发展与生态环境系统之间的关系，各种水利发展事项属于不同类别的需求：防灾减灾、饮水安全、灌溉用水等，主要是"安全性需求"；生产供水、水电、水运等，主要是"经济性需求"；水系景观、水休闲娱乐、高品质用水，主要是"舒适性需求"；水环境保护和水生态修复，则安全性需求和舒适性需求兼而有之，这是生态环境系统的基础性特征决定的，比如，水源地保护和供水水质达标主要属于"安全性需求"，而更高的饮水水质标准如纯净水和直饮水的需求，则属于"舒适性需求"。水利发展需求的各个层次，很大程度上决定了水利发展供给的内容。无论是防洪安全、供水安全、水环境安全，还是景观整治、生态修复，这些都具有很强的公益性，均应纳入公共服务的范畴。这决定了水利发展供给主要提供的是公共服务，水利发展的本质是不断提高水利的公共服务能力。根据需求差异，公共服务可分为基础公共服务和发展公共服务。基础公共服务主要是满足"安全性"的全面需求，为社会公众提供从事生产、生活、发展和娱乐等活动都需要的基础性服务，如提供防洪抗旱、除涝、灌溉等基础设施；发展公共服务是为满足社会发展需要所提供的各类服务，如城市供水、水力发电、城市景观建设等，更强调满足经济发展的需求及公众对舒适性的需求。一个社会存在各种各样的需求，水利发展需求也在其中，在经济社会发展的不同水平，水利发展需求在社会各种需求中的相对重要性在不断发生变化。随着经济的发展，水资源供需矛盾也日益突出：在水资源紧缺的同时，用水浪费严重，水资源利用效率较低。当前，解决水资源供需矛盾，必然需要依靠水利工程，而科学的水利工程管理是可持续发展的推动力。

二、对农业生产和农民生活水平提高的促进作用

水利工程管理是促进农业生产发展、提高农业综合生产能力的基本条件。农业是第一产业，民以食为天，农村生产的发展首先是以粮食为中心的农业综合生产能力的发展，而农业综合生产能力提高的关键在于农业水利工程的建设和管理，在一些地区农业水利工程管理十分落后，重建设轻管理，已经成为农业发展的瓶颈。另外，加强农业水利工程管理有利于提高农民生活水平与质量。社会主义新农村建设的一个十分重要的目标就是增加农民收入，提高农民生活水平，而加强农村水利工程等基础设施建设和管理成为基本条件。如可以通过农村饮水工程保障农民饮水安全，通过供水工程的有效管理，带动农村环境卫生和个人条件的改善，降低各种流行疾病的发病率。

水利工程在国民经济发展中具有极其重要的作用，科学的水利工程管理会带动很多相关产业的发展。如农业灌溉、养殖、航运、发电等。水利工程使人类生生不息，且促进了社会文明的前进。从一定程度上讲，水利工程推动了现代产业的发展，若缺失了水利工程，也许社会就会停滞不前，人类的文明也将受到挑战。而科学的水利工程管理可推动各产业的发展。

科学的水利工程管理可推动农业的发展。"有收无收在于水、收多收少在于肥"的农谚道出了水利工程对粮食和农业生产的重要性。我国农业用水方式粗放，耕地缺少基本灌溉条件，现有灌区普遍存在标准低、配套差、老化失修等问题，严重影响农业稳定发展和国家粮食安全。近年来水利建设在保障和改善民生方面取得了重大进展，一些与人民群众生产生活密切相关的水利问题尤其是农村水利发展的问题与农民的生活息息相关。而完备的水利工程建设离不开科学的水利工程管理。首先，科学的水利工程管理，有利于解决灌溉问题，消除旱情灾害。农业生产主要追求粮食产量，以种植水稻、小麦、油菜为主，但是这些作物如果在没有水或者在水资源比较缺乏的情况下会极大地影响它们的产量，比如遇到大旱之年，农作物连命都保不住，哪还来的产量，可以说是颗粒无收，这样农民白白

辛苦了一年的劳作将毁于一旦，收入更无从提起，农民本来就是以种庄稼为主，如今庄稼没了，这会给农民的经济带来巨大的损失，因此加强农田水利工程建设可以满足粮食作物的生长需要，解决了灌溉问题，消除了灾情的灾害，给农民也带来了可观的收益。其次，科学的水利工程管理有利于节约农田用水，减少农田灌溉用水损失。在大涝之年农田用水不缺少的情况下，可以利用水利工程建设将多余的水积攒起来，以便日后需要时使用。另外，蔬菜、瓜果、苗木实施节水灌溉是促进农业结构调整的必要保障，加大农业节水力度、减少灌溉用水损失，有利于解决农业面的污染，有利于转变农业生产方式，有利于提高农业生产力。这就大大减少了水资源的不必要的浪费，起到了节约农田用水的目的。最后，科学的水利工程管理有利于减少农田的水土流失。大涝天气会引起农田水土流失，影响农村生态环境。当发生大涝灾害时，水土资源会受到极大的影响，肥沃的土地肥料会因洪涝的发生而减少，丰富的土质结构也会遭到破坏，农作物产量亦会随之减少。而科学的水利工程管理，促进渠道兴修，引水入海，利于减少农田水土流失。

三、对其他各产业发展的推动作用

水利工程建设和管理有效地带动和促进了其他产业如建材、冶金、机械、燃油等的发展，增加了就业的机会。

科学的水利工程管理可推动水产养殖业的发展。首先，科学的水利工程管理有利于改良农田水质，水产养殖受水质的影响很大。近年来，水污染带来的水环境恶化、水质破坏问题日益严重，水产养殖受此影响很大。而随着水产养殖业的发展，水源水质的标准要求也随之更加严格。当水源污染、水质破坏发生时，水产养殖业的发展就会受到影响。而科学的水利工程管理，有利于改良农田水质，促进水产养殖业的发展。其次，科学的水利工程管理有利于扩大鱼类及水生物生长环境，为渔业发展提供有利条件。如三峡工程建坝后，库区改变原来滩多急流型河道的生态环境，水面较天然河道增加近两倍，上游有机物质、营养盐将有部分滞留库区，库水适度变肥、变清，有利于饵料生物和鱼类繁殖生长。冬季下游流量增大，鱼类越冬条件将有所改善。这些条件的改善，均利于推动水产养殖业的发展。

科学的水利工程管理还可为旅游业发展起到推动作用。水利工程的建设推动了各地沿河各种水景区景点的开发建设，科学的水利工程管理有助于水利工程旅游业的发展。水利工程旅游业的发展既可以发掘各地沿河水资源的潜在效益，带动沿线地方经济的发展，促进经济结构、产业结构的调整，也可以促进水生态环境的改善，美化净化城市环境，提高人民生活质量，并提高居民收入。由于水利工程旅游业涉及交通运输、住宿餐饮、导游等众多行业，依托水利工程旅游，可提高地方整体经济水平，并增加就业机会，甚至吸引更多劳动人口，进而推动旅游服务业的发展，提高居民的收入水平和生活标准。

科学的水利工程管理也有助于优化电能利用。科学的水利工程管理可促进水电资源的利用。现在，水电工程已成为维持整个国家电力需求正常供应的重要来源。而科学的水利工程管理有助于对水利电能的合理开发与利用。

第三节 水利工程管理对社会发展的推动作用

随着工业化和城镇化的不断发展，科学的水利工程管理有利于增强防灾减灾能力，强化水资源节约保护工作，扭转听天由命的水资源利用局面，进而推动社会的发展。

一、对社会稳定的作用

水利工程管理有利于构建科学的防洪体系，而科学的防洪体系可减轻洪水的灾害，保障人民生命财产安全和社会稳定。全国主要江河初步形成了以堤防、河道整治、水库、蓄滞洪区等为主的工程防洪体系，在抗御历年发生的洪水中发挥了重要作用，有利于社会稳定。

首先，社会稳定涉及的是人与人、不同社会群体、不同社会组织之间的关系。这种关系的核心是利益关系，而利益关系与分配密切相关，利益分配是否合理，是社会稳定与否的关键。分配问题是个大问题，科学的水利工程管理，有利于水利工程的修建与维护，有利于提高水利工程沿岸居民的收入水平，有利于缩小贫富差距，改善分配不均的局面，进而有利于维护社会稳定。其次，科学的水利工程管理有助于构建社会稳定风险系统控制体系，从而将社会稳定风险降到最低，进而保障社会稳定。由于水利工程本来就是大型国家民生工程，其具有失事后果严重，损失大的特点，而水情又是难以控制的，一般水利工程都是根据百年一遇洪水设计，而无法排除是否会遇到更大设计流量的洪水，当更大流量洪水发生时，所造成的损失必然是巨大的，也必然会引发社会稳定问题，而科学的水利工程管理可将损失降到最小。同时水利工程的修建可能会造成大量移民，而这部分背井离乡的人是否能得到妥善安置也与社会稳定与否息息相关，此时必然得依靠科学的水利工程管理。

大型水利工程的移民促进了汉族与少数民族之间的经济、文化交流，促进了内地和西部少数民族平等、团结、互助、合作、共同繁荣的谁也离不开谁的新型民族关系的形成。工程是文化的载体。而水利工程文化是其共同体在工程活动中所表现或体现出来的各种文化形态的集结或集合，水利工程在工程活动中则会形成共同的风格、共同的语言、共同的办事方法及其存在着共同的行为规则。作为规则，水利工程活动则包含着决策程序、审美取向、验收标准、环境和谐目标、建造目标、施工程序、操作守则、生产条例、劳动纪律等，这些规则促进了水利工程文化的发展，哲学家将其上升为哲理指导人们水利工程活动。李冰在修建都江堰水利工程的同时也修建了中华民族治水文化的丰碑，是中华民族治水哲学的升华。都江堰水利工程是一部水利工程科学全书：它包含系统工程学、流体力学、生态学，体现了尊重自然、顺应自然规律并把握其规律的哲学理念。它留下的"治水"三字经、八字真言如："深淘滩、低作堰""遇弯截角、逢正抽心"，至今仍是水利工程活动的主导哲学思想，其哲学思想促进了民族同胞的交流，促进民族大团结。再者，水利工程能发挥综合的经济效益，给社会经济的发展提供强大的清洁能源支持，为养殖、旅游、灌溉、防洪等提供条件，从而提高相关区域居民的物质生活条件，促进社会稳定。概括起来，水利工程管理对社会稳定的作用主要可以概括为：

第一，水利工程管理为社会提供了安全保障。水利工程最初的一个作用就是可以进行防洪，减少水患的发生。依据以往的资料记载，我国的洪水主要是发生在长江、黄河、松花江、珠江以及淮河等河流的中下游平原地区，水患的发生不仅仅影响到了社会经济的健康发展，同时对人民群众的安全也会造成一定的影响。通过在河流的上游进行水库的兴建，在河流的下游扩大排洪，使得这些河流的防洪能力得到了很好的提升。

第二，水利工程管理有助于促进农业生产。水利工程对农业有着直接的影响，通过兴修水利，可以使得农田得到灌溉，农业生产的效率得到提升，促进农民丰产增收。灌溉工程为农业发展特别是粮食稳产、高产创造了有利的前提条件，奠定了农业长期稳步发展的基础，巩固了农业在国民经济发展中的基础地位。

第三，水利工程管理有助于提高城乡人民生产生活水平。大量蓄水、引水、提水工程有效提升了我国水资源的调控能力和城乡供水保障能力。水利工程管理向城乡提供清洁的水源，有效地推动了社会经济的健康发展，保障了人民群众的生活质量，也在一定程度上促进了经济和社会的健康发展。在发展经济方面，大多数水利工程，特别是大型水利枢纽的建设地点多数选在高山峡谷、人烟稀少地区，水利枢纽的建设大大加速了地区经济和社会的发展进程，甚至会出现跨越式发展。

二、对和谐社会建设的推动作用

社会主义和谐社会是人类孜孜以求的一种美好社会，马克思主义政党不懈追求的一种社会理想。构建社会主义和谐社会，是我们党以马克思列宁主义、毛泽东思想、邓小平理论和"三个代表"重要思想为指导，全面贯彻落实科学发展观，全面贯彻习近平新时代中国特色社会主义思想，从中国特色社会主义事业总体布局的重大战略任务，反映了建设富强民主文明和谐的社会主义现代化国家的内在要求，体现了全党全国各族人民的共同愿望。人与自然的和谐关系是社会主义和谐社会的重要特征，人与水的关系是人与自然关系中最密切的关系。只有加强和谐社会建设，才能实现人水和谐，使人与自然和谐共处，促进水利工程建设可持续发展。水利工程发展与和谐社会建设具有十分密切的关系，水利工程发展是和谐社会建设的重要基础和有力支撑，有助于推动和谐社会建设。

水利工程活动与社会的发展紧密相连、和谐社会的构建离不开和谐的水利工程活动。树立当代水利工程观，增强其综合集成意识，有益于和谐社会的构建。从历史的视野来看，中西方文化对于人与自然的关系有着不同的理解。自然是人类认识改造的对象，工程活动是人类改造自然的具体方式。传统的水利工程活动通常认为水利工程是改造自然的工具，人类可以向自然无限制地索取以满足人类的需要，这样就导致水利工程活动成为破坏人与自然关系的直接力量。在人类物质极其缺乏并且科技不发达时期，人类为满足生存的需要，这种水利工程观有其合理性。随着社会发展，社会系统与自然系统相互作用不断增强，水利工程活动不但对自然界造成影响，而且还会影响社会的运行发展。在水利工程活动过程中，会遇到各种不同的系统内外部客观规律的相互作用问题。如何处理它们之间的关系是水利工程研究的重要内容，因而，我们必须以当代和谐水利工程观为指导，树立水利工程综合集成意识，推动和谐社会的构建步伐；要使大型水利工程活动与和谐社会的要求相一致，就必须以当代水利工程观为指导协调社会规律、科学规律、生态规律，综合体现不同方面的要求，协调相互冲突的目标。摒弃传统的水利工程观念及其活动模式，探索当代水利工程观的问题，揭示大型水利工程与政治、经济、文化、社会、环境等相互作用的特点及其规律。在水利工程规划、设计、实施中，运用科学的水利工程管理，化冲突为和谐，为和谐社会的构建做出水利工程实践方面的贡献。

人与自然和谐相处是社会和谐的重要特征和基本保障，而水利是统筹人与自然和谐的关键。人与水的关系直接影响人与自然的关系，进而会影响人与人的关系、人与社会的关系。如果生态环境受到严重破坏、人民的生产生活环境恶化，如果资源能源供应高度紧张、经济发展与资源能源矛盾尖锐，人与人的和谐、人与社会的和谐就无法实现，建设和谐社会就无从谈起。科学的水利工程管理以可持续发展为目标，尊重自然、善待自然，保护自然，严格按自然经济规律办事，坚持防洪抗旱并举，兴利除害结合，开源节流并重，量水而行，以水定发展，在保护中开发，在开发中保护，按照优化开发、重点开发、限制开发和禁止开发的不同要求，明确不同河流或不同河段的功能定位，实行科学合理开发，强化生态保护。在约束水的同时，必须约束人的行为；在防止水对人的侵害的同时，更要防止人对水的侵害；在对水资源进行开发、利用、治理的同时，更加注重对水资源的配置、节约和保护；从无节制的开源趋利、以需定供转变为以供定需，由"高投入、高消耗、高排放、低效益"的粗放型增长方式向"低投入、低消耗、低排放、高效益"的集约型增长方式转变；由以往的经济增长为唯一目标，转变为经济增长与生态系统保护相协调、统筹考虑各种利弊得失、大力发展循环经济和清洁生产，优化经济结构，创新发展模式，节能降耗，保护环境；在以水利工程管理手段进一步规范和调节与水相关的人与人、人与社会的关系，实行自律式发展科学的水利工程管理利于科学治水，在防洪减灾方面，给河流以空间，给洪水以出路，建立完善工程和非工程体系，合理利用雨洪资源，尽力减少灾害损失，保持社会稳定；在应对水资源短缺方面，协调好生活、生产、生态用水，全面建设节水型社会，大力提高水资源利用效率；在水土保持生态建设方面，加强预防、监督、治理和保护，充分发挥大自然的自我修复能力，改善生态环境；在水资源保护方面，加强水功能区管理，制定水源地保护监管的政策和标准，核定水域纳污能力和总量，严格排污权管理，依法限制排污，尽力保证人民群众饮水安全，进而推动和谐社会建设。概括起来，水利工程管理对和谐社会建设的作用可以概括如下：

（一）水利工程管理通过改变供电方式有利于经济、生态等多方面和谐发展

水力发电已经成为我国电力系统十分重要的组成部分。新中国成立之后，一大批大中型的水利工程的建设为生产和生活提供大量的电力资源，极大地方便了人民群众的生产生活，也在一定程度上改变了我国过度依赖火力发电的局面，这也有利于环境的改善。我国不管是水电装机的容量还是水利工程的发电量，都处在世界前列，特别是农村小水电的建设有力地推动了农村地区乡镇企业的发展，为进行农产品的深加工、农田灌溉等做出了巨大的贡献。三峡工程、小浪底水利工程、二滩水利工程等一大批有着世界影响力的水利枢纽工程的建设，预示着我国的水利建设已经进入了一个十分重要的阶段。

（二）水利工程管理有助于保护生态环境，促进旅游等第三产业发展

水利建设为改善环境做出了积极贡献，其中水土保持和小流域综合治理改善了生态环境，水力发电的发展减少了环境污染，为改善大气环境做出了贡献，农村小水电不仅解决了能源问题，还为实施封山育林、恢复植被等创造了条件，另外污水处理与回用、河湖保护与治理也有效地保护了生态环境。水利工程在建成之后，库区的风景区使得山色、瀑布、森林以及人文等紧密地融合在一起，呈现出一派山水林岛的和谐画面，是绝佳的旅游胜地，如：举世瞩目的三峡工程在建设之后也成为一个十分著名的旅游景点，吸引了大量的游客前往参观，感受三峡工程的魅力，这在很大程度上促进了旅游收益的提升，增加了当地群众的经济收入。

（三）水利工程管理具有多种附加值，有利于推动航运等相关产业发展

水利工程管理在对水利工程进行设计规划、建设施工、运营、养护等管理过程中，有助于发掘水利工程的其他附加值，如航运产业的快速发展。内河运输的一个十分重要的特

点就是成本较低，通过水运可以增加运输量，降低运输成本，满足交通发展需要的同时促进经济的快速发展。水利工程的兴建与管理使得内河运输得到了发展，长江的"黄金水道"正是在水利工程的不断完善和兴建的基础之上得到发展和壮大的。

第四节　水利工程管理对生态文明的促进作用

生态文明是人类文明发展的一个新的阶段，即工业文明之后的文明形态；生态文明是人类遵循人、自然、社会和谐发展这一客观规律而取得的物质与精神成果的总和；生态文明是以人与自然、人与人、人与社会和谐共生、良性循环、全面发展、持续繁荣为基本宗旨的社会形态。它以尊重和维护生态环境为主旨，以可持续发展为根据，以未来人类的继续发展为着眼点。这种文明观强调人的自觉与自律，强调人与自然环境的相互依存、相互促进、共处共融。三百年的工业文明以人类征服自然为主要特征。世界工业化的发展使征服自然的文化达到极致；一系列全球性生态危机说明地球再没能力支持工业文明的继续发展，需要开创一个新的文明形态来延续人类的生存，这就是生态文明。如果说农业文明是黄色文明，工业文明是黑色文明，那生态文明就是绿色文明。生态，指生物之间以及生物与环境之间的相互关系与存在状态，亦即自然生态。自然生态有着自在自为的发展规律，人类社会改变了这种规律，把自然生态纳入人类可以改造的范围之内，这就形成了文明。生态文明是指人类遵循人、自然、社会和谐发展这一客观规律而取得的物质与精神成果的总和；是指人与自然、人与人、人与社会和谐共生、良性循环、全面发展、持续繁荣为基本宗旨的文化伦理形态。

生态文明是人类文明的一种形态，它以尊重和维护自然为前提，以人与人、人与自然、人与社会和谐共生为宗旨，以建立可持续的生产方式和消费方式为内涵，以引导人们走上持续、和谐的发展道路为着眼点。生态文明强调人的自觉与自律，强调人与自然环境的相互依存、相互促进、共处共融，既追求人与生态的和谐，也追求人与人的和谐，而且人与人的和谐是人与自然和谐的前提，可以说，生态文明是人类对传统文明形态特别是工业文明进行深刻反思的成果，是人类文明形态和文明发展理念、道路和模式的重大进步。

科学的水利工程管理可以转变传统的水利工程活动运转模式，使水利工程活动更加科学有序，同时促进生态文明建设。若没有科学的水利工程理念作指导，水利工程会对水生态系统造成某种胁迫，如水利工程会造成河流形态的均一化和不连续化，引起生物群落多样性水平下降，但科学合理的水利工程管理有助于减少这一现象的发生，尽量避免或减少水利工程所引起的一些后果。

若不考虑科学的水利工程管理，仅仅从水利工程出发，则势必会造成对生态的极大破坏。因为水利工程活动主要关注人对自然的改造与征服，忽视自然的自我恢复能力，忽略了过度开发自然会造成自然对人类的报复，既不考虑水利工程对社会结构及变迁的影响，也不考虑社会对水利工程的促进与限制。且在水利工程的决策、运行与评估的过程中，只考虑人的社会活动规律与生态环境的外在约束条件，没将其视为水利工程活动的内在因素。但运用科学的水利工程管理，可形成科学的水利工程理念。此时水利工程考虑的不再仅仅是人对自然的征服改造，它是在科学发展观的基础上，协调人与自然的关系，工程活动既考虑当代人的需要又考虑到后代人的需求，是和谐的水利工程。运用科学水利工程管理理念的水利工程转变了传统水利工程的粗放发展方式。运用科学水利工程管理理念的水利工程活动是一种集约式的工程活动，与当代的经济发展模式相适应，其具备较完善的决策、实施、评估等相关系统。也会成为知识密集型、资源集约型的造物活动，具备更高的科技含量。再者，其在改造环境的同时保护环境，使生态环境能够可持续发展，将生态环境作为工程活动的外在约束条件，以生态因素作为水利工程的决策、运行、评估内在要素。

科学的水利工程管理对生态文明的促进作用主要体现在以下三方面。

一、对资源节约的促进作用

节约资源是保护生态环境的根本之策，节约资源意味着价值观念、生产方式、生活方式、行为方式、消费模式等多方面的变革，涉及各行各业，与每个企业、单位、家庭、个人都有关系，需要全民积极参与。必须利用各种方式在全社会广泛培育节约资源意识，大力倡导珍惜资源、节约资源风尚，明确确立和牢固树立节约资源理念，形成节约资源的社会共识和共同行动，全社会齐心合力共同建设资源节约型、环境友好型社会。资源是增加社会生产和改善居民生活的重要支撑，节约资源的目的并不是减少生产和降低居民消费水平，而是使生产相同数量的产品能够消耗更少的资源，或者用相同数量的资源能够生产更多的产品、创造更高的价值，使有限资源能更好满足人民群众物质文化生活需要。只有通过资源的高效利用，才能实现这个目标。因此，转变资源利用方式，推动资源高效利用，是节约利用资源的根本途径，要通过科技创新和技术进步深入挖掘资源利用效率，促进资源利用效率不断提升，真正实现资源高效利用，努力用最小的资源消耗支撑经济社会发展。科学的水利工程管理，有助于完善水资源管理制度，加强水源地保护和用水总量管理，加强用水总量控制和定额管理，制订和完善江河流域水量分配方案，推进水循环利用，建设节水型社会科学的水利工程管理，可以促进水资源的高效利用，减少资源消耗。

我国经济社会快速发展和人民生活水平提高对水资源的需求与水资源时空分布不均以

及水污染严重的矛盾，对建设资源节约型和环境友好型社会形成倒逼机制。人的命脉在田，在人口增长和耕地减少的情况下保障国家粮食安全对农田水利建设提出了更高的要求，水利工作需要正确处理经济社会发展和水资源的关系，全面考虑水的资源功能、环境功能和生态功能，对水资源进行合理开发、优化配置、全面节约和有效保护。水利面临的新问题需要有新的应对之策，而水利工程管理又是由问题倒逼而产生，同时又在不断解决问题中得以深化。

二、对环境保护的促进作用

从宇宙来看，地球是一个蔚蓝色的星球，地球的储水量是很丰富的，共有14.5亿立方千米之多，其72%的表面积覆盖水。但实际上，地球上97.5%的水是咸水，又咸又苦，不能饮用，不能灌溉，也很难在工业应用，能直接被人们生产和生活利用的，少得可怜的淡水仅有2.5%，而在淡水中，将近70%冻结在南极和格陵兰的冰盖中，其余的大部分是土壤中的水分或是深层地下水，难以供人类开采使用。江河、湖泊、水库等来源的水较易于开采供人类直接使用，水环境恶化，严重影响了我国经济社会的可持续发展，而科学的水利工程管理可以促进淡水资源的科学利用，加强水资源的保护，对环境保护起到促进作用。水利是现代化建设不可或缺的首要条件，是经济社会发展不可替代的基础支撑，当然也是生态环境改善不可分割的保障系统，其具有很强的公益性、基础性、战略性。

同时，科学的水利工程管理可以加快水力发电工程的建设，而水电又是一种清洁能源，水电的发展有助于减少污染物的排放，进而保护环境。水力发电相比于火力发电等传统发电模式在污染物排放方面有着得天独厚的优势，水力发电成本低，水力发电只是利用水流所携带的能量，无须再消耗其他动力资源，水力发电直接利用水能，几乎没有任何污染物排放。水电是清洁、环保、可再生能源，可以减少污染物的排放量，改善空气质量；还可以通过"以电代柴"有效保护山林资源，提高森林覆盖率并且保持水土。

一般情况下，地区性气候状况受大气环流所控制，但修建大、中型水库及灌溉工程后，原先的陆地变成了水体或湿地，使局部地表空气变得较湿润，对局部小气候会产生一定的影响，主要表现在对降雨、气温、风和雾等气象因子的影响。而科学的水利工程管理就可对地区的气候施加影响，因时制宜，因地制宜，利于水土保持。而水土保持是生态建设的重要环节，也是资源开发和经济建设的基础工程，科学的水利工程管理，可以快速控制水土流失，提高水资源利用率，通过促进退耕还林还草及封禁保护，加快生态自我修复，实现生态环境的良性循环，改善生产、生活和交通条件，为开发创造良好的建设环境，对于环境保护具有重要的促进作用。

而大型水利工程通常既是一项具有巨大综合效益的水利枢纽工程，又是一项改造生态环境的工程。人工自然是人类为满足生存和发展需要而改造自然环境，建造一些生态环境工程。例如，三峡工程具有巨大的防洪效益，可以使荆江河段的防洪标准由十年一遇提高到百年一遇，即使遇到类似 1987 年的特大洪水，也可避免发生毁灭性灾害，这样就可以有效减免洪水灾害对长江中游富庶的江汉平原和洞庭湖区生态环境的严重破坏。最重要的是可以避免人口的大量伤亡，避免洪灾带来的饥荒、救灾赈济和灾民安置等一系列社会问题，可减免洪灾对人们心理上造成的威胁，减缓洞庭湖淤积速度，延长湖泊寿命，还可改善中下游枯水期的时间。

三、对农村生态环境改善的促进作用

促进生态文明是现代社会发展的基本诉求之一，建设社会主义新农村也要实现村容整洁，就必须加强农业水利工程建设，统筹考虑水资源利用、水土流失与污染等一系列问题及其防治措施，实现保护和改善农村生态环境的目的。水利工程管理是现代农业建设不可或缺的首要条件，是经济社会发展不可替代的基础支撑，是生态环境改善不可分割的保障系统，具有很强的公益性、基础性、战略性。加快水利工程发展，不仅事关农业农村发展，而且事关经济社会发展全局；不仅关系到防洪安全、供水安全、粮食安全，而且关系到经济安全、生态安全、国家安全。要把水利工程管理工作摆上党和国家事业发展更加突出的位置，着力加快农田水利工程建设和管理，推动水利工程管理实现跨越式发展。

水利工程管理对农村生态环境改善的促进作用可以具体归纳为以下三点：

（一）解决旱涝灾害

水资源作为人类生存和发展的根本，具有不可替代的作用，但是对于我国而言，由于不同气候条件的影响，水资源的空间分布极不均匀，南方水资源丰富，在雨季常常出现洪涝灾害，而北方水资源相对不足，常见干旱，这两种情况都在很大程度上影响了农业生产的正常进行，影响着人们的日常生产和生活。而水利工程管理，可以有效解决我国水资源分布不均的问题，解决旱涝灾害，促进经济的持续健康发展，如南水北调工程，就是其中的代表性工程。

（二）改善局部生态环境

在经济发展的带动下，人们的生活水平不断提高，人口数量不断增加，对于资源和能源的需求也在不断提高，现有的资源已经无法满足人们的生产和生活需求。而通过水利工程的兴建和有效管理，不仅可以有效消除旱涝灾害，还可以对局部区域的生态环境进行改善，增加空气湿度，促进植被生长，为经济的发展提供良好的环境支持。

（三）优化水文环境

水利工程管理，能够对水污染情况进行及时有效的治理，对河流的水质进行优化。以黄河为例，由于上游黄土高原的土地沙化现象日益严重，河流在经过时，会携带大量的泥沙，产生泥沙的淤积和拥堵现象，而通过兴修水利工程，利用蓄水、排水等操作，可以大大增加下游的水流速度，对泥沙进行排泄，保证河道的畅通。

第五节　水利工程管理与工程科技发展的互相推动作用

工程科技与人类生存息息相关。温故而知新。回顾人类文明历史，人类生存与社会生产力发展水平密切相关，而社会生产力发展的一个重要源头就是工程科技。工程造福人类，科技创造未来。工程科技是改变世界的重要力量，它源于生活需要，又归于生活之中，历史证明，工程科技创新驱动着历史车轮飞速旋转，为人类文明进步提供了不竭动力源泉，推动人类从蒙昧走向文明，从游牧文明走向农业文明、工业文明，走向信息化时代。新中国成立70多年特别是改革开放40多年来，中国经济社会快速发展，其中工程科技创新驱动功不可没。当今世界，科学技术作为第一生产力的作用愈益凸显，工程科技进步和创新对经济社会发展的主导作用更加突出。

一、水利工程管理对工程科技体系的影响和推动作用

古往今来，人类创造了无数令人惊叹的工程科技成果，古代工程科技创造的许多成果至今仍存在着，见证了人类文明编年史。如古埃及金字塔、古希腊帕提农神庙、古罗马斗兽场、印第安人太阳神庙、柬埔寨吴哥窟、印度泰姬陵等古代建筑奇迹，再如中国的造纸术、火药、印刷术、指南针等重大技术创造和万里长城、都江堰、京杭大运河等重大工程，都是当时人类文明形成的关键因素和重要标志，都对人类文明发展产生了重大影响，都对世界历史演进具有深远意义。中国是有着悠久历史的文明古国，中华民族是富有创新精神的民族，五千年来，中国古代的工程科技是中华文明的重要组成部分，也为人类文明的进步做出了巨大贡献。

近代以来，工程科技更直接把科学发现同产业发展联系在一起，成为经济社会发展的主要驱动力。每一次产业革命都同技术革命密不可分。18世纪，蒸汽机引发了第一次产业革命，推动从手工劳动向动力机器生产转变的重大飞跃，使人类进入了机械化时代。19世纪末至20世纪上半叶，电机和化工引发了第二次产业革命，使人类进入了电气化、核

能、航空航天时代，极大提高了社会生产力和人类生活水平，缩小了国与国、地区与地区、人与人的空间和时间距离，地球变成了一个"村庄"。20世纪下半叶，信息技术引发了第三次产业革命，使社会生产和消费从工业化向自动化、智能化转变，社会生产力再次大提高，劳动生产率再次大飞跃。工程科技的每一次重大突破，都会催发社会生产力的深刻变革，都会推动人类文明迈向新的更高的台阶。

中华人民共和国成立以来，中国大力推进工程科技发展，建立起独立的、比较完整的、有相当规模和较高技术水平的工业体系、农业体系、科学技术体系和国防体系，取得了一系列伟大的工程科技成就，为国家安全、经济发展、社会进步和民生改善提供了重要支撑，实现了向工业化、现代化的跨越发展。特别是改革开放40多年来，中国经济社会快速发展，其中工程科技创新驱动功不可没。"两弹一星"、载人航天、探月工程等一批重大工程科技成就，大幅度提升了中国的综合国力和国际地位，而科学的水利工程管理更是催生了三峡工程、南水北调等一大批重大水利工程建设成功，大幅度提升了中国的基础工业、制造业、新兴产业等领域创新能力和水平，推动了完整工程科技体系的构建进程。同时推动了农业科技、人口健康、资源环境、公共安全、防灾减灾等领域工程科技发展，大幅度提高了14亿多中国人的生活水平和质量。

二、水利工程对专业科技发展的推动作用

工程科技已经成为经济增长的主要动力，推动基础工业、制造业、新兴产业高速发展，支撑了一系列国家重大工程建设。科学的水利工程管理可以推动专业科技的发展。如三峡水利工程就发挥了巨大的综合作用，其超临界发电、水力发电等技术已达到世界先进水平。

改革开放后，我国经济社会发展取得了举世瞩目的成就，经济总量跃居世界第二，众多主要经济指标名列世界前列。但我们必须清醒地看到，虽然我国经济规模很大，但依然大而不强，我国经济增速很快，但依然快而不优。主要依靠资源等要素投入推动经济增长和规模扩张的粗放型发展方式是不可持续的。中国的发展正处在关键的战略转折点，实现科学发展、转变经济发展方式刻不容缓。而这最根本的是要依靠科技力量，提高自主创新能力，实施创新驱动发展战略，把发展从依靠资源、投资、低成本等要素驱动转变到依靠科技进步和人力资源优势上来。而水利工程的特殊性决定了加强技术管理势在必行。水利工程的特殊性主要表现在两个方面：一方面，水利工程是我国各项基础建设中最为重要的基础项目，其关系到农业灌溉、关系到社会生产正常用水、关系到整个社会的安定，如果不重视技术管理，极有可能埋下技术隐患，使得水利工程质量出现问题；另一方面，水利工程工程量大，施工中需要多个工种的协调作业，而且工期长，施工中容易受到各种自然

和社会因素的制约。当然，水利工程技术要求较高，施工中会出现一些意想不到的技术难题，如果不做好充分的技术准备工作，极有可能导致施工的停滞。正是基于水利工程的这种特殊性，才可体现科学的水利工程管理的重要性，其可为水利工程施工的顺利进行和高质量的完工奠定基础。具体说来，水利工程管理对专业科技发展的推动作用如下：

水利工程安全管理信息系统。水利工程管理工作推动现场自动采集系统、远程传输系统的开发研制；中心站网络系统与综合数据库的建立及信息接收子系统、数据库管理子系统、安全评价子系统与信息服务子系统以及中央指挥站等的开发应用。

土石坝的养护与维修。土石坝所用材料是松散颗粒的，土粒间的连接强度低，抗剪能力小，颗粒间孔隙较大，因此易受到渗流、冲刷、沉降、冰冻、地震等的影响。在运用过程中常常会因渗流而产生渗透破坏和蓄水的大量损失；因沉降导致坝顶高程不够和产生裂缝；因抗剪能力小、边坡不够平缓、渗流等而产生滑坡；因土粒间连接力小，抗冲能力低，在风浪、降雨等作用下而造成坝坡的冲蚀、侵蚀和护坡的破坏，所以也不允许坝顶过水；因气温的剧烈变化而引起坝体土料冻胀和干缩等。故要求土石坝有稳定的坝身、合理的防渗体和排水体、坚固的护坡及适当的坝顶构造，并在运用过程中加强监测和维护。土石坝的各种破坏都有一定的发展过程，针对可能出现病害的形势和部位，加强检查，如在病害发展初期能够及时发现，并采取措施进行处理和养护，防止轻微缺陷的进一步扩展和各种不利因素对土石坝的过大损害，保证土石坝的安全，延长土石坝的使用年限。在检查中，经常会用到槽探、井探及注水检查法；甚低频电磁检查法（工作频率为15~35千赫，发射功率为20~1000千瓦）；同位素检查法（同位素示踪测速法、同位素稀释法和同位素示踪吸附法）。

混凝土坝及浆砌石坝的养护与维修。混凝土坝和浆砌石坝主要靠重力维持稳定，其抗滑稳定往往是坝体安全的关键，当地基存在软弱夹层或缺陷，在设计和施工中又未及时发现和妥善处理时，往往使坝体与地基抗滑稳定性不够，而成为最危险的病害。此外，由于温度变化、应力过大或不均匀沉陷，都可能使坝体产生裂缝，并沿裂缝产生渗漏。水利部颁布了有关混凝土坝养护修理规程。围绕混凝土建筑物修补加固设立了大量的科研课题，有关新材料、新工艺和新技术得到开发应用，取得了良好的效果。水下修补加固技术方面，水下不分散混凝土在众多工程中成功应用，水下裂缝、伸缩缝修补成套技术已研制成功，水下高性能快速密封堵漏灌浆材料得到成功应用，大面积防渗补强新材料、新技术方面，聚合物水泥砂浆作为防渗、防腐、防冻材料得到大范围推广应用，喷射钢纤维混凝土大面积防渗取得成功，新型水泥基渗透结晶防水材料在水工混凝土的防渗修补中得到应用。

碾压混凝土及面板胶结堆石筑坝技术。对于碾压混凝土坝，涉及结构设计的改进、材料配比的研究、施工方法的改进、温控方法及施工质量控制。在水利工程管理中，需要做好面板胶结堆石坝，集料级配及掺入料配台比的试验；做好胶结堆石料的耐久性、坝体可能的破坏形态及安全准则、坝体及其材料的动力特性、高坝坝体变形特性及对上游防渗体系的影响分析。此外，水利工程抗震技术、地震反应及安全监测、震害调查、抗震设计以及抗震加固技术也不断得到应用。

堤防崩岸机理分析、预报及处理技术。水利工程管理需要对崩岸形成的地质资料及河流地质作用、崩岸变形破坏机理、崩岸稳定性、崩岸监测及预报技术、崩岸防治及施工技术、崩岸预警抢险应急技术及决策支持系统进行分析和研究。

深覆盖层堤坝地基渗流控制技术。水利工程管理需要完善防渗体系、防渗效果检测技术，分析超深、超薄防渗墙防渗机理，开发质优价廉的新型防渗土工合成材料，开发适应大变形的高抗渗塑性混凝土。

水利工程老化及病险问题分析技术。在水利管理中，水利工程老化病害机理、堤防隐患探测技术与关键设备、病险堤坝安全评价与除险加固决策系统、堤坝渗流控制和加固关键技术、长效减压技术、堤坝防渗加固技术，已有堤坝防渗加固技术的完善与规范化都在推动专业工程科技的不断发展。

高边坡技术。在水利工程管理中，高边坡技术包括高边坡工程力学模型破坏机理和岩石力学参数，高边坡研究中的岩石水力学，高边坡稳定分析及评价技术，高边坡加固技术及施工工艺，高边坡监测技术，以及高边坡反馈设计理论和方法。

新型材料及新型结构。水利新型材料涉及新型混凝土外加剂与掺和料、自排水模板、各种新型防护材料、各种水上和水下修补新材料、各种土工合成新材料，以及用于灌浆的超细水泥等。

水利工程监测技术。工程监测在我国水利工程管理中发挥着重要作用，已成为工程设计、施工、运行管理中不可缺少的组成部分，高精度、耐久、强抗干扰的小量程钢弦式孔隙水压力计，智能型分布式自动化监测系统，水利工程中的光导纤维监测技术，大型水利工程泄水建筑物长期动态观测及数据分析评价方法，网络技术在水利工程监测系统中的应用，大坝工作与安全性态评价专家系统，堤防安全监测技术，水利工程工情与水情自动监测系统，高坝及超高坝的关键技术；设计参数，强度、变形及稳定计算、高速及超高速水力学等，在水利工程管理过程中主要用到观测方法和仪器设备的研制生产、监测设计、监测设备的埋设安装，数据的采集、传输和存储，资料的整理和分析，工程实测性态的分析评价等。主要涉及水工建筑物的变形观测、渗流观测、应力和温度观测、水流观测等。

水库管理。对工程进行维修养护，防止和延缓工程老化、库区淤积、自然和人为破坏，延长水库使用年限。及时掌握各种建筑物和设备的技术状况，了解水库实际蓄泄能力和有关河道的过水能力，收集水文气象资料的情报、预报以及防汛部门和各用水户的要求。要在库岸防护、水库控制运用、水库泥沙淤积的防治等方面进行技术推广与应用。

溢洪道的养护与维修。对于大多数水库来说，溢洪道泄洪机会不多，宣泄大流量洪水的机会则更少，有的几年甚至十几年才泄一次水。但是，由于还无法准确预报特大洪水的出现时间，故溢洪道每年都要做好宣泄最大洪水的预防和准备工作。溢洪道的泄洪能力主要取决于控制段能否通过设计流量，根据控制段的堰顶高程、溢流前缘总长、溢流时堰顶水头用一般水力学的堰流或孔流公式进行复核，而且需要全面掌握准确的水库集水面积、库容、地形、地质条件和来水来沙量等基本资料。

水闸的养护与修理。水闸多数修建在软土地基上，是一种既挡水又泄水的低水头水工建筑物，因而它在抗滑稳定、防渗、消能防冲及沉陷等方面都有其自身的工作特点，当土工建筑物发生渗漏、管涌时，一般采用上游堵截渗漏，下游反滤导渗的方法进行及时处理，根据情况采用开挖回填或灌浆方法处理。

渠系输水建筑物的养护与修理。渠系建筑物属于渠系配套建筑物，承担灌区或城市供水的输配水任务，按照用途可分为控制建筑物、交叉建筑物、输水建筑物、泄水建筑物、量水建筑物。输水建筑物输水流量、水位和流速常受水源条件、用水情况和渠系建筑物的状态发生较大而频繁的变化，灌溉渠道行水与停水受季节和降雨影响显著，维护和管理与此相适应。位于深水或地下的渠系建筑物，除要承受较大的山岩压力、渗透压力外，还要承受巨大的水头压力及高速水流的冲击作用力，在地面的建筑物又要经受温差作用、冻融作用、冻胀作用以及各种侵蚀作用，这些作用极易使建筑物发生破坏。此外，在一个工程中，渠系建筑物数量多，分布范围大，所处地形条件和水文地质条件复杂，受到自然破坏和人为破坏的因素较多，且交通运输不便，维修施工不便，对工程科技的要求较高。

水利水电工程设备的维护。在水电站、泵站、水闸、倒虹、船闸等水利工程中均涉及一些相关设备，设备已成为水利工程的主要组成部分，对水利工程效益的发挥和安全运行起着至关重要的作用。一是金属结构设备维护，金属结构是用型钢材料，经焊铆等工艺方法加工而成的结构体，在水闸、引水等工程中被广泛采用，有挡水类、输水类、拦污类及其他钢结构类型。一般钢结构在运行中要受水的冲刷、冲击、侵蚀、气蚀、振荡以及较大的水头压力等作用。这就需要对锈蚀、润滑等进行处理，需要在涂料保护、金属保护、外加电流阴极保护与涂料保护联合等技术进行开发。

防汛抢险。江河堤防和水库坝体作为挡水设施，在运用过程中由于受外界条件变化的作用，自身也发生相应结构的变化而形成缺陷，这样一到汛期，这些工程存在的隐患和缺陷都会暴露出来，一般险情主要有风浪冲击、洪水漫顶、散浸、陷坑、崩岸、管涌、漏洞、裂缝及堤坝溃决等。雨情、水情和枢纽工情的测报、预报准备等。包括测验设施和仪器、仪表的检修、校验，报讯传输系统的检修试机，水情自动测报系统的检查、测试，以及预报曲线图表、计算机软件程序、大屏幕显示系统与历史暴雨、洪水、工程变化对比资料准备等，保证汛情测报系统运转灵活，为防洪调度提供准确、及时的测报、预报资料和数据。

地下工程。在水利工程管理中，需要进行复杂地质环境下大型地下洞室群岩体地质模型的建立及地质超前预报，不均匀岩体围岩稳定力学模型及岩体力学作用，围岩结构关系，岩石力学参数确定及分析，强度及稳定性准则，应力场与渗流场的耦合，大型地下洞室群工程模型，洞室群布置优化，洞口边坡与洞室相互影响及其稳定性和变形破坏规律，地下洞室群施工顺序、施工技术优化，地下洞室围岩加固机理及效应，大型地下洞室群监测技术，隧洞盾构施工关键技术，岩爆的监测、预报及防治技术以及围岩大变形支护材料和控制技术。

三、科技运用对水利工程管理的推进作用

水利工程管理通过引进新技术、新设备，改造和替代现有设备，改善水利管理条件；加强自动监测系统建设，提高监测自动化程度；积极推进信息化建设，提升监测、预报和决策的现代化水平。引进新技术、新设备是水利工程能长期稳定带来经济效益的有效途径。在原有资源基础上，不断改善运行环境，做到具有创新性且有可行性，从而提高工程整体的运营能力，是未来水利工程管理的要求。

20 世纪 80 年代以前，水利工程管理基本处于人工管理模式，即根据人们长期工作的实践经验，借助常规的工具、机电设施和普通的通信手段，采取人工观测、手工操作等工作方式，处理工程管理的各类图表绘制、数据计算和文字编辑，发布水情、工情调度指令和启闭调节各类工程建筑物。到 90 年代初期，通信、计算机技术在水利工程管理中开始得到初步应用，但也只是作为一般的辅助工具，主要用于通信联络、文字编辑、图表绘制和打印输出，最多做些简单的编程计算，通信、计算机等先进技术未能得到全面普及和应用，其技术特性和系统效益不能得以充分发挥。

近几年，随着现代通信和计算机等技术的迅猛发展，以及水利信息化建设进程不断加快，水利工程管理开始由传统型的经验管理逐步转换为现代化管理，各级工程管理部门着手利用通信、计算机、程控交换、图文视讯和遥测遥控等现代技术，配置相应的硬、软件设施，先后建立通信传输、计算机网络、信息采集和视频监控等系统，实现水情、工情信息的实时采集，水工建筑物的自动控制，作业现场的远程监视，工程视讯异地会商及办公自动化等。具体来说，现代信息技术的应用对水利工程管理的推动作用如下：

物联网技术的应用：物联网技术是完成水利信息采集、传输以及处理的重要方法，也

是我国水利信息化的标志。近几年来，伴随着物联网技术的日益发展，物联网技术在水利信息管理尤其是在水利资源建设中得到了广泛的应用并起到了决定性作用。截至目前，我国水利部已经完成了信息管理平台的构建和完善，用户想要查阅我国各地的水利信息，只要通过该平台就能完成。为了能够对基础水利信息动态实现实时把握，我国也加大了对基层水利管理部门的管理力度，给科学合理的决策提供了有效的信息资源。由于物联网具有快速传播的特点，水利管理部门对物联网水利信息管理系统的构建也不断加强。在水利管理服务中，物联网技术有以下两个作用，分别为在水利信息管理系统中的作用和对水利信息智能化处理作用。为了能够通过物联网对水利信息及时地掌握并制定有效措施，可以采用设置传感器节点以及 RFID 设备的方法，完成对水利信息的智能感应以及信息采集；所谓的智能处理，就是采用计算技术和数据利用对收集的信息进行处理，进而对水利信息加以管理和控制。气候变化、模拟出水资源的调度和市场发展等问题都可以采用云计算的方法，实现应用平台的构建和开发。水利工作视频会议、水利信息采集以及水利工程监控等工作中物联网技术都得到了广泛的综合应用。

遥感技术的应用：在水利信息管理中遥感技术也得到了广泛的应用。其获取信息原理就是通过地表物体反射电磁波和发射电磁波，实现对不同信息的采集。近几年，遥感技术也被广泛地应用到防洪、水利工程管理和水行政执法中。遥感技术在防洪抗旱过程中，能够借助遥感系统平台实现对灾区的监测，发生洪灾后，人工无法测量出受灾面积，遥感技术能够对灾区受灾面积以及洪水持续时间进行预测，并反馈出具体灾情以及图像，为决策部门提供了有效的决策依据信息，新技术的快速发展，遥感技术在水利信息管理中也有越来越重要的作用。在使用遥感技术获取数据时，还要求其他技术与其相结合，进行系统的对接，进而能够完成对水利信息数据的整合，充分体现了遥感技术集成化特点；遥感技术能够为水利工作者提供大量的数据，而且也能够根据数据制作图像。但是在使用遥感技术时，为了能够给决策者供应辅助决策，一定要对遥感系统进行专业化的模型分析，充分体现遥感技术数字模型化特点；为了能够对数据收集、数据交换以及数据分析等做出科学准确的预测，使用遥感技术时，要设定统一的标准要求，充分体现遥感技术标准化的特点。

GIS 技术的应用：GIS 技术在水利信息管理服务中对水利信息自动化起到关键性作用，反映地理坐标是 GIS 技术最大的功能特点，由于其能够对水利资源所处的地形地貌等信息做出很好的反映，因此对我国水利信息准确位置的确定起到了决定性作用；GIS 技术可以在平台上将测站、水库以及水闸等水利信息进行专题信息展示；GIS 技术也能够对综合水情预报、人口财产和受灾面积等进行准确的定量估算分析；GIS 技术能够集成相关功能的模块及相关专业模型。其中集成功能模块主要包括数据库、信息服务以及图形库等功能性模块；集成相关专业模型包括水文预报、水库调度以及气象预报等，充分体现了 G1S 技术基础地理信息管理、水利专题信息展示、统计分析功能运用以及系统集成功能的作用。GIS 技术在水利信息管理、水环境、防汛抗旱减灾、水资源管理以及水土保持等方面得到了广泛的应用，其应用能力也从原始的查询、检索和空间显示变成分析、决策、模拟以及预测。

GPS 技术的应用：GPS 技术引入水利工程管理中去，将使水利工程的管理工作变得非常方便，卫星定位系统其作用就是准确定位，它是在计算机技术和空间技术的基础上发展而来的，卫星定位技术一般都会应用在抗洪抢险和防洪决策等水利信息管理工作中。卫星定位技术能够对发生险情的地理位置进行准确定位，进而给予灾区及时的救援。卫星定位系统在水利信息管理服务中有广泛应用。随着信息新技术的不断发展，卫星定位系统也与其他 RS 影像以及 GIS 平台等系统连接，进而被广泛应用到抗洪抢险工作中。采用该方法能够对灾区和险情进行准确定位，从而实施及时救援，降低了灾情的持续发展，保障了灾区人民的生命安全。

综上所述，水工程管理与工程科技发展二者关系是相互依赖、相互依存的。在工程管理中，不能离开工程科技而单独搞管理，因为工程科技是管理的继续和实施，任何一种管理都离不开实施阶段，没有实施就没有效果，没有效果就等于管理失败，因此，离开工程科技，管理就不能进行。相反，也不能离开管理来单独搞技术，因为管理带动技术，技术只有通过管理才能发挥出来。没有管理做后盾，技术虽高也难以发挥，二者相互依存，缺一不可。随着水利工程在整个社会中重要性的逐渐突出，水利工程功能也要进一步拓展。这就使得水利工程的设计和施工技术要求也出现了相应的改变。水利施工必须与时俱进，要不断采用新技术、新设备，提高施工水平。相比较传统的水利工程项目，现代化的水利施工更需要有强大的技术作支撑，科学的水利工程管理可推动专业科技的发展。

第三章 水利工程建设招投标管理

第一节 招投标的基本概念

一、水利工程招标投标的概念

招标投标是在市场经济条件下进行工程建设、货物买卖、财产出租、中介服务等经济活动的一种竞争形式和交易方式，是引入竞争机制订立合同（契约）的一种法律形式。

（一）招标

水利工程招标是指水利工程建设单位（业主）或其委托的招标代理人（一般统称为"招标人"）就拟建水利工程的规模、工程等级、设计阶段、设计图纸、质量标准等有关条件，公开或非公开地邀请投标人报出工程价格、做出合理的实施方案，在规定的日期开标，从而择优选择工程承包商的过程。

（二）投标

水利工程投标，就是承包商在同意建设单位拟定的招标文件所提出的各项条件的前提下，对招标项目进行报价并提出合适的实施方案。投标单位获得招标资料以后，在认真研究招标文件的基础上，掌握好价格、工期、质量、物资等几个关键要素，根据招标文件的要求和条件，在符合招标项目质量要求的前提下，对招标项目估算价格、提出合理的实施方案，按照招标人的要求在规定的期限内向招标人递交投标资料，争取"中标"，这个过程就是中标。

（三）标底

标底是由业主组织专门人员为准备招标的那一部分工程和（或）设备而计算出的一个合理的基本价格。它不等于工程（或设备）的概（预）算，也不等于合同价格。标底是招标单位的绝密资料，不能向任何无关人员泄露。我国国内大部分工程在招标评标时，均以标底上下的一个幅度为判断投标是否合格的条件。在建设工程招投标活动中，标底的编制是工程招标中重要的环节之一，是评标、定标的重要依据，是选定中标单位的一个重要参考指标。每一个招标项目只允许有一个标底。

二、工程招标的方式

工程项目招标的方式在国际上通行的为公开招标、邀请招标和议标，但《中华人民共和国招投标法》未将议标作为法定的招标方式，即法律所规定的强制招标项目不允许采用议标方式，主要因为我国国情与建筑市场的现状条件，不宜采用议标方式，但法律并不排除议标方式。

（一）公开招标

1. 定义

公开招标又称为无限竞争招标，是由招标单位通过报刊、广播、电视等方式发布招标广告，有投标意向的承包商均可参加投标资格审查，审查合格的承包商可购买或领取招标文件，参加投标的招标方式。

2. 公开招标的特点

公开招标方式的优点是：投标的承包商多、竞争范围大，业主有较大的选择余地，有利于降低工程造价，提高工程质量和缩短工期。其缺点是：由于投标的承包商多，招标工作量大，组织工作复杂，须投入较多的人力、物力，招标过程所需时间较长，因而此类招标方式主要适用于投资额度大、工艺结构复杂的较大型工程建设项目。公开招标的特点一般表现为以下三个方面：

（1）公开招标是最具竞争性的招标方式。它参与竞争的投标人数量最多，且只要符合相应的资质条件便不受限制，只要承包商愿意便可参加投标，在实际生活中，常常少则十几家，多则几十家，甚至上百家，因而竞争程度最为激烈。它可以最大限度地为一切有实力的承包商提供一个平等竞争的机会，招标人也有最大容量的选择范围，可在为数众多的投标人之间择优选择一个报价合理、工期较短、信誉良好的承包商。

（2）公开招标是程序最完整、最规范、最典型的招标方式。它形式严密，步骤完整，运作环节环环相扣。公开招标是适用范围最为广阔、最有发展前景的招标方式。在国际上，谈到招标通常都是指公开招标。在某种程度上，公开招标已成为招标的代名词，因为公开招标是工程招标通常使用的方式。在我国，通常也要求招标必须采用公开招标的方式进行。凡属招标范围的工程项目，一般首先必须采用公开招标的方式。

（3）公开招标也是所需费用最高、花费时间最长的招标方式。由于竞争激烈，程序复杂，组织招标和参加投标需要做的准备工作和需要处理的实际事务比较多，特别是编制、审查有关招标投标文件的工作十分浩繁。

（二）邀请招标

1. 定义

邀请招标又称为有限竞争性招标。这种方式不发布广告，业主根据自己的经验和所掌握的各种信息资料，向有承担该项工程施工能力的三个以上（含三个）承包商发出投标邀请书，收到邀请书的单位有权利选择是否参加投标。邀请招标与公开招标一样都必须按规定的招标程序进行，要制定统一的招标文件，投标人都必须按招标文件的规定进行投标。

2. 邀请招标的特点

邀请招标方式的优点是：参加竞争的投标商数目可由招标单位控制，目标集中，招标的组织工作较容易，工作量比较小。其缺点是：由于参加的投标单位相对较少，竞争性范围较小，使招标单位对投标单位的选择余地较少，如果招标单位在选择被邀请的承包商前所掌握信息资料不足，则会失去发现最适合承担该项目的承包商的机会。

（三）水利工程建设项目招标分为公开招标和邀请招标

《水利工程建设项目招标投标管理规定》规定：

依法必须招标的项目中，国家重点水利项目、地方重点水利项目及全部使用国有资金投资或者国有资金投资占控股或者主导地位的项目应当公开招标，但有下列情况之一的，按规定经批准后可采用邀请招标：

1. 项目总投资额在 3 000 万元人民币以上，但分标单项合同估算价低于必须公开招标限额的项目。

2. 项目技术复杂，有特殊要求或涉及专利权保护，受自然资源或环境限制，新技术或技术规格事先难以确定的项目。

3. 应急度汛项目。

4. 其他特殊项目。

符合规定，采用邀请招标的，招标前招标人必须履行下列批准手续：①国家重点水利项目经水利部初审后，报国家发展和改革委员会批准；其他中央项目报水利部或其委托的流域管理机构批准。②地方重点水利项目经省、自治区、直辖市人民政府水行政主管部门会同同级发展改革行政主管部门审核后，报本级人民政府批准；其他地方项目报省、自治区、直辖市人民政府水行政主管部门批准。

三、政府行政主管部门对招标投标的监督

（一）依法核查必须采用招标方式选择承包单位的建设项目

《招标投标法》规定，任何单位和个人不得将必须进行招标的项目化整为零或者以其他任何方式规避招标。如果发生此类情况，有权责令改正，可以暂停项目执行或者暂停资金拨付，并对单位负责人或其他直接责任人依法给予行政处分或纪律处分。《招标投标法》规定，实施工程项目建设，包括项目的勘察、设计、施工、监理以及与工程建设有关的重要设备、材料等的采购，必须进行招标的范畴包括：

1. 大型基础设施、公用事业等关系社会公共利益、公众安全的项目。

2. 全部或者部分使用国有资金投资或者国家融资的项目。

3. 使用国际组织或者外国政府贷款、援助资金的项目。

具体实施办法细则还须遵从国务院有关部门制定的范围和规模标准执行。

（二）对招标项目的监督

工程项目的建设应当按照建设管理程序进行。招标项目按照国家有关规定需要履行项目审批手续的，应当先履行审批手续取得批准。当工程项目的准备情况满足招标条件时，招标单位应向建设行政主管部门提出申请。为了保证工程项目的建设符合国家或地方总体发展规划，以及能使招标后工作顺利进行，不同标的的招标均须满足相应的条件。

1. 前期准备应满足的要求

（1）建设工程已批准立项。

（2）向建设行政主管部门履行了报建手续，并取得批准。

（3）建设资金能满足建设工程的要求，符合规定的资金到位率。

（4）建设用地已依法取得，并领取了建设工程规划许可证。

（5）技术资料能满足招标投标的要求。

（6）法律、法规、规章规定的其他条件。

2. 对招标人的招标能力要求

（1）是法人或依法成立的其他组织。

（2）有与招标工作相适应的经济、法律咨询和技术管理人员。

（3）有组织编制招标文件的能力。

（4）有审查投标单位资质的能力。

（5）有组织开标、评标、定标的能力。

3. 招标代理机构的资质条件

招标代理机构是依法成立的组织，与行政机关和其他国家机关没有隶属关系。为了保证圆满地完成代理业务，必须取得建设行政主管部门的资质认定。招标代理机构应具备的基本条件包括：

（1）有从事招标代理业务的营业场所和相应资金。

（2）有能够编制招标文件和组织评标的相应专业力量。

（3）有可以作为评标委员会成员人选的技术、经济等方面的专家库。对"专家库"的要求包括：

专家人选：应是从事相关领域工作满 8 年并具有高级职称或具有同等专业水平的技术、经济等方面人员。

专业范围：专家的专业特长应能涵盖本行业或专业招标所需各个方面。

人员数量：应能满足建立专家库的要求。

（三）对招标有关文件的核查备案

招标人有权依据工程项目特点编写与招标有关的各类文件，但内容不得违反法律规范的相关规定。建设行政主管部门核查的内容主要包括：

1. 对投标人资格审查文件的核查

（1）不得以不合理条件限制或排斥潜在投标人。为了使招标人能在较广泛范围内优选最佳投标人，以及维护投标人进行平等竞争的合法权益，不允许在资格审查文件中以任何方式限制或排斥本地区、本系统以外的法人或其他组织参与投标。

（2）不得对潜在投标人实行歧视待遇。为了维护招标投标的公平、公正原则，不允许在资格审查标准中针对外地区或外系统投标人设立压低分数的条件。

（3）不得强制投标人组成联合体投标。以何种方式参与投标竞争是投标人的自主行为，他可以选择单独投标，也可以作为联合体成员与其他人共同投标，但不允许既参加联合体又单独投标。

2. 对招标文件的核查

（1）招标文件的组成是否包括招标项目的所有实质性要求和条件，以及拟签订合同的主要条款，能使投标人明确承包工作范围和责任，并能够合理预见风险编制投标文件。

（2）招标项目需要划分标段时，承包工作范围的合同界限是否合理。承包工作范围可以是包括勘察设计、施工、供货的一揽子交钥匙工程承包，也可以按工作性质划分成勘察、设计、施工、物资供应、设备制造或监理等的分项工作内容承包。施工招标的独立合同包括的工作范围应是整个工程、单位工程或特殊专业工程的施工内容，不允许肢解工程招标。

（3）招标文件是否有限制公平竞争的条件。在文件中不得要求或标明特定的生产供应者以及含有倾向或排斥潜在投标人的其他内容。主要核查是否有针对外地区或外系统设立的不公正评标条件。

（四）对开标、评标和定标活动的监督

建设行政主管部门派员参加开标、评标、定标的活动，监督招标人按法定程序选择中标人。所派人员不作为评标委员会的成员，也不得以任何形式影响或干涉招标人依法选择中标人的活动。

（五）查处招标投标活动中的违法行为

《招标投标法》明确规定，有关行政监督部门有权依法对招标投标活动中的违法行为进行查处。视情节和对招标的影响程度，承担后果责任的形式可以为：判定招标无效，责令改正后重新招标；对单位负责人或其他直接责任者给予行政或纪律处分；没收非法所得，并处以罚款；构成犯罪的，依法追究刑事责任。

第二节　水利工程建设项目招标与投标

一、水利工程招标投标工作流程

水利工程招标投标程序是指水利工程活动按照一定的时间、空间顺序运作的步骤和方式。始于发布招标邀请书，终于发出中标通知书，其间大致经历了招标、投标、开标、评标、定标几个主要阶段。

水利工程招标投标程序开始前的准备工作和结束后的整理工作，不属于水利工程招标投标的程序之列，但应纳入整个工作流程中。

如：报建登记，是招标前的一项主要工作，签订合同是招标投标的目的和结果，也是招标工作的一项主要工作但不是程序。

公开招标流程：含以上流程的所有环节。

邀请招标：不含资格预审。

二、水利工程施工招标

从招标人的角度看，水利工程招标的一般程序主要经历以下十个环节：

第一，设立招标组织或者委托招标代理人。

第二，申报招标申请书、招标文件、评标定标办法和标底（实行资格预审的还要申报资格预审文件）。

第三，发布招标公告或者发出投标邀请书。

第四，对投标资格进行审查。

第五，分发招标文件和有关资料，收取投标保证金。

第六，组织投标人踏勘现场，对招标文件进行答疑。

第七，成立评标组织，召开开标会议（实行资格后审的还要进行资格审查）。

第八，审查投标文件，澄清投标文件中不清楚的问题，组织评标。

第九，择优定标，发出中标通知书。

第十，将合同草案报送审查，签订合同。

（一）设立招标组织或者委托招标代理人

应当招标的工程建设项目，办理报建登记手续后，凡已满足招标条件的，均可组织招标，办理招标事宜。招标组织者组织招标必须具有相应的组织招标的资质。

根据招标人是否具有招标资质，可以将组织招标分为两种情况：

1. 招标人自己组织招标

由于工程招标是一项经济性、技术性较强的专业民事活动，因此招标人自己组织招标，必须具备一定的条件，设立专门的招标组织，经招标投标管理机构审查合格，确认其具有编制招标文件和组织评标的能力，能够自己组织招标后，发给招标组织资质证书。招标人只有持有招标组织资质证书的，才能自己组织招标、自行办理招标事宜。

2. 招标人委托招标代理人代理组织招标、代为办理招标事宜

招标人取得招标组织资质证书的，任何单位和个人不得强制其委托招标代理人代理组织招标、办理招标事宜。招标人未取得招标组织资质证书的，必须委托具备相应资质的招标代理人代理组织招标、代为办理招标事宜。这是为保证工程招标的质量和效率，适应市场经济条件下代理业的快速发展而采取的管理措施，也是国际上的通行做法。现代工程交

易的一个明显趋势是工程总承包日益受到重视和提倡。在实践中，工程总承包中标的总承包单位作为承包范围内工程的招标人，如已领取招标组织资质证书的，也可以自己组织招标；如不具备自己组织招标条件的，则必须委托具备相应资质的招标代理人组织招标。

招标人委托招标代理人代理招标，必须与之签订招标代理合同（协议）。招标代理合同应当明确委托代理招标的范围和内容，招标代理人的代理权限和期限，代理费用的约定和支付，招标人应提供的招标条件、资料和时间要求，招标工作安排，以及违约责任等主要条款。一般来说，招标人委托招标代理人代理后，不得无故取消委托代理，否则要向招标代理人赔偿损失，招标代理人有权不退还有关招标资料。在招标公告或投标邀请书发出前，招标人取消招标委托代理的，应向招标代理人支付招标项目金额一定比例的赔偿费；在招标公告或投标邀请书发出后开标前，招标人取消招标委托代理的，应向招标代理人支付招标项目金额1%的赔偿费；在开标后招标人取消招标委托代理的，应向招标代理人支付招标项目金额2%的赔偿费。招标人和招标代理人签订的招标代理合同，应当报政府招标投标管理机构备案。

（二）办理招标备案手续，申报招标的有关文件

招标人在依法设立招标组织并取得相应招标组织资质证书，或者书面委托具有相应资质的招标代理人后，就可开始组织招标、办理招标事宜。招标人自己组织招标、自行办理招标事宜或者委托招标代理人代理组织招标、代为办理招标事宜的，应当向有关行政监督部门备案。

实践中，各地一般规定，招标人进行招标，要向招标投标管理机构申报招标申请书。招标申请书经批准后，就可以编制招标文件、评标定标办法和标底，并将这些文件报招标投标管理机构批准。招标人或招标代理人也可在申报招标申请书时，一并将已经编制完成的招标文件、评标定标办法和标底，报招标投标管理机构批准。经招标投标管理机构对上述文件进行审查认定后，就可发布招标公告或发出投标邀请书。

招标申请书是招标人向政府主管机构提交的要求开始组织招标、办理招标事宜的一种文书。其主要内容包括：招标工程具备的条件、招标的工程内容和范围、拟采用的招标方式和对投标人的要求、招标人或者招标代理人的资质等。

制作或填写招标申请书，是一项实践性很强的基础工作，要充分考虑不同招标类型的不同特点，按规范化的要求进行。

（三）发布招标公告或者发出投标邀请书

1. 采用公开招标方式

招标人要在报纸、杂志、广播、电视等大众传媒或工程交易中心公告栏上发布招标公告，招请一切愿意参加工程投标的不特定的承包商申请投标资格审查或申请投标。

在国际上，对公开招标发布招标公告有两种做法：

（1）实行资格预审（即在投标前进行资格审查）的，用资格预审通告代替招标公告，即只发布资格预审通告即可。通过发布资格预审通告，招请一切愿意参加工程投标的承包商申请投标资格审查。

（2）实行资格后审（即在开标后进行资格审查）的，不发资格审查通告，而只发招标公告。通过发布招标公告，招请一切愿意参加工程投标的承包商申请投标。

我国各地的做法，习惯上都是在投标前对投标人进行资格审查。这应属于资格预审，但常常不一定按国际上的通行做法进行，不太注意对资格预审通告和招标公告在使用上的区分，只要使用其一表达了意思即可。

2. 采用邀请招标方式

招标人要向3个以上具备承担招标项目能力、资信良好的特定的承包商发出投标邀请书，邀请他们申请投标资格审查，参加投标。

采用议标方式的，由招标人向拟邀请参加议标的承包商发出投标邀请书（也有称之为议标邀请书的），向参加议标的单位介绍工程情况和对承包商的资质要求等。

3. 投标邀请书的内容

公开招标的招标公告和邀请招标、议标的投标邀请书，在内容要求上不尽相同。实践中，议标的投标邀请书常常比邀请招标的投标邀请书要简化一些，而邀请招标的投标邀请书则和招标公告差不多。

一般说来，公开招标的招标公告和邀请招标的投标邀请书，应当载明以下几项内容：①招标人的名称、地址及联系人姓名、电话；②工程情况简介，包括项目名称、性质、数量、投资规模、工程实施地点、结构类型、装修标准、质量要求、时间要求等；③承包方式，材料、设备供应方式；④对投标人的资质和业绩情况的要求及应提供的有关证明文件；⑤招标日程安排，包括发放、获取招标文件的办法、时间、地点，投标地点及时间、现场踏勘时间、投标预备会时间、投标截止时间、开标时间、开标地点等；⑥对招标文件收取的费用（押金数额）；⑦其他需要说明的问题。

（四）对投标资格进行审查

（1）公开招标资格预审和资格后审的主要内容是一样的，都是审查投标人的下列情况：

①投标人组织与机构，资质等级证书，独立订立合同的权利。

②近3年来的工程情况。

③目前正在履行的合同情况。

④履行合同的能力，包括专业、技术资格和能力，资金、财务、设备和其他物质状况，管理能力，经验、信誉和相应的工作人员、劳力等情况。

⑤受奖、罚的情况和其他有关资料，没有处于被责令停业，财产被接管或查封、扣押、冻结、破产状态，在近3年（包括其董事或主要职员）没有与骗取合同有关的犯罪或严重违法行为。投标人应向招标人提交能证明上述条件的法定证明文件和相关资料。

（2）采用邀请招标方式时，招标人对投标人进行投标资格审查，是通过对投标人按照投标邀请书的要求提交或出示的有关文件和资料进行验证，确认自己的经验和所掌握的有关投标人的情况是否可靠、有无变化。在各地实践中，通过资格审查的投标人名单，一般要报经招标投标管理机构进行投标人投标资格复查。

邀请招标资格审查的主要内容，一般应当包括：

①投标人组织与机构的营业执照，资质等级证书。

②近3年完成工程的情况。

③目前正在履行的合同情况。

④资源方面的情况，包括财务、管理、技术、劳力、设备等情况。

⑤受奖、罚的情况和其他有关资料。

议标的资格审查，则主要是查验投标人是否有相应的资质等级。

经资格审查合格后，由招标人或招标代理人通知合格者，领取招标文件，参加投标。

（五）分发招标文件和有关资料，收取投标保证金

招标人向经审查合格的投标人分发招标文件及有关资料，并向投标人收取投标保证金。公开招标实行资格后审的，直接向所有投标报名者分发招标文件和有关资料，收取投标保证金。

招标文件发出后，招标人不得擅自变更其内容。确须进行必要的澄清、修改或补充的，应当在招标文件要求提交投标文件截止时间至少15天前，书面通知所有获得招标文件的投标人。该澄清、修改或补充的内容是招标文件的组成部分，对招标人和投标人都有约束力。

投标保证金是为防止投标人不审慎考虑和进行投标活动而设定的一种担保形式，是投标人向招标人缴纳的一定数额的金钱。招标人发售招标文件后，不希望投标人不递交投标文件或递交毫无意义或未经充分、慎重考虑的投标文件，更不希望投标人中标后撤回投标文件或不签署合同。因此，为了约束投标人的投标行为，保护招标人的利益，维护招标投标活动的正常秩序，特设立投标保证金制度，这也是国际上的一种习惯做法；投标保证金的收取和缴纳办法，应在招标文件中说明，并按招标文件的要求进行。

投标保证金的直接目的虽是保证投标人对投标活动负责，但其一旦缴纳和接受，对双方都有约束力。

1. 对投标人而言

缴纳投标保证金后，如果投标人按规定的时间要求递交投标文件；在投标有效期内未撤回投标文件；经开标、评标获得中标后与招标人订立合同的，就不会丧失投标保证金。投标人未中标的，在定标发出中标通知书后，招标人原额退还其投标保证金；投标人中标的，在依中标通知书签订合同时，招标人原额退还其投标保证金。如果投标人未按规定的时间要求递交投标文件；在投标有效期内撤回投标文件；经开标、评标获得中标后不与招标人订立合同的，就会丧失投标保证金。而且，丧失投标保证金并不能免除投标人因此而应承担的赔偿和其他责任，招标人有权就此向投标人或投标保函出具者索赔或要求其承担其他相应的责任。

2. 对招标人而言

收取投标保证金后，如果不按规定的时间要求接受投标文件；在投标有效期内拒绝投标文件；中标人确定后不与中标人订立合同的，则要双倍返还投标保证金。而且，双倍返还投标保证金并不能免除招标人因此而应承担的赔偿和其他责任，投标人有权就此向招标人索赔或要求其承担其他相应的责任。如果招标人收取投标保证金后，按规定的时间要求接受投标文件；在投标有效期内未拒绝投标文件；中标人确定后与中标人订立合同的，仅需原额退还投标保证金。

3. 投标保证金

投标保证金可采用现金、支票、银行汇票，也可以是银行出具的银行保函。银行保函的格式应符合招标文件提出的格式要求。投标保证金的额度，根据工程投资大小由业主在招标文件中确定。投标保证金有效期为直到签订合同或提供履约保函为止，通常为 3~6 个月，一般应超过投标有效期 28 天。

（六）组织投标人踏勘现场，对招标文件进行答疑

招标文件分发后，招标人要在招标文件规定的时间内，组织投标人踏勘现场，并对招标文件进行答疑。

1. 目的

招标人组织投标人踏勘现场，主要目的是让投标人了解工程现场和周围环境情况，获取必要的信息。

2. 内容

（1）现场是否达到招标文件规定的条件。

（2）现场的地理位置和地形、地貌。

（3）现场的地质、土质、地下水位、水文等情况。

（4）现场气温、湿度、风力、年雨雪量等气候条件。

（5）现场交通、饮水、污水排放、生活用电、通信等环境情况。

（6）工程在现场中的位置与布置。

（7）临时用地、临时设施搭建等。

3. 答疑形式

投标人对招标文件或者在现场踏勘中如果有疑问或不清楚的问题，可以而且应当用书面的形式要求招标人予以解答。招标人收到投标人提出的疑问或不清楚的问题后，应当给予解释和答复。招标人的答疑可以根据情况采用以下方式进行：

（1）以书面形式解答，并将解答内容同时送达所有获得招标文件的投标人。书面形式包括解答书、信件、电报、电传、传真、电子数据交换和电子函件等可以有形地表现所载内容的形式。以书面形式解答招标文件中或现场踏勘中的疑问，在将解答内容送达所有获得招标文件的投标人之前，应先经招标投标管理机构审查认定。

（2）通过投标预备会进行解答，同时借此对图纸进行交底和解释，并以会议记录形式同时将解答内容送达所有获得招标文件的投标人。

4. 投标预备会

投标预备会也称答疑会、标前会议，是指招标人为澄清或解答招标文件或现场踏勘中的问题，以便投标人更好地编制投标文件而组织召开的会议。投标预备会一般安排在招标文件发出后的7~28天内举行。参加会议的人员包括招标人、投标人、代理人、招标文件编制单位的人员、招标投标管理机构的人员等。会议由招标人主持。

5. 投标预备会内容

（1）介绍招标文件和现场情况，对招标文件进行交底和解释；

（2）解答投标人以书面或口头形式对招标文件和在现场踏勘中所提出的各种问题或疑问。

6. 投标预备会程序

（1）投标人和其他与会人员签到，以示出席。

（2）主持人宣布投标预备会开始。

（3）介绍出席会议人员。

（4）介绍解答人，宣布记录人员。

（5）解答投标人的各种问题和对招标文件进行交底。

（6）通知有关事项，如为使投标人在编制投标文件时，有足够的时间充分考虑招标人对招标文件的修改或补充内容，以及投标预备会议记录内容，招标人可根据情况决定适当延长投标书递交截止时间，并作通知等。

（7）整理解答内容，形成会议记录，并由招标人、投标人签字确认后宣布散会。会后，招标人将会议记录报招标投标管理机构核准，并将经核准后的会议记录送达所有获得招标文件的投标人。

（七）召开开标会议

投标预备会结束后，招标人就要为接受投标文件、开标做准备。接受投标文件工作结束，招标人要按招标文件的规定准时开标、评标。

1. 开标会

时间：开标应当在招标文件确定的提交投标文件截止时间的同一时间公开进行。

地点：开标地点应当为招标文件中预先确定的地点。按照国家的有关规定和各地的实践，招标文件中预先确定的开标地点，一般均应为建设工程交易中心。

人员：参加开标会议的人员，包括招标人或其代表人、招标代理人、投标人法定代表人或其委托代理人、招标投标管理机构的监管人员和招标人自愿邀请的公证机构的人员等。评标组织成员不参加开标会议。开标会议由招标人或招标代理人组织，由招标人或招标人代表主持，并在招标投标管理机构的监督下进行。

程序一般为：

（1）参加开标会议的人员签名报到，表明与会人员已到会。

（2）会议主持人宣布开标会议开始，宣读招标人法定代表人资格证明或招标人代表的授权委托书，介绍参加会议的单位和人员名单，宣布唱标人员、记录人员名单。唱标人员一般由招标人的工作人员担任，也可以由招标投标管理机构的人员担任。记录人员一般由招标人或其代理人的工作人员担任。

（3）介绍工程项目有关情况，请投标人或其推选的代表检查投标文件的密封情况，并签字予以确认。也可以请招标人自愿委托的公证机构检查并公证。

（4）由招标人代表当众宣布评标定标办法。

（5）由招标人或招标投标管理机构的人员核查投标人提交的投标文件和有关证件、资料，检视其密封、标志、签署等情况。经确认无误后，当众启封投标文件，宣布核查检视结果。

（6）由唱标人员进行唱标。唱标是指公布投标文件的主要内容，当众宣读投标文件的投标人名称、投标报价、工期、质量、主要材料用量、投标保证金、优惠条件等主要内容。唱标顺序按各投标人报送的投标文件时间先后的逆顺序进行。

（7）由招标投标管理机构当众宣布审定后的标底。

（8）由投标人的法定代表人或其委托代理人核对开标会议记录，并签字确认开标结果。

开标会议的记录人员应现场制作开标会议记录，将开标会议的全过程和主要情况，特别是投标人参加会议的情况、对投标文件的核查检视结果、开启并宣读的投标文件和标底的主要内容等，当场记录在案，并请投标人的法定代表人或其委托代理人核对无误后签字确认。开标会议记录应存档备查。投标人在开标会议记录上签字后，即退出会场。至此，开标会议结束，转入评标阶段。

2. 无效条件

（1）未按招标文件的要求标志、密封的。

（2）无投标人公章和投标人的法定代表人或其委托代理人的印鉴或签字的。

（3）投标文件标明的投标人在名称和法律地位上与通过资格审查时的不一致，且这种不一致明显不利于招标人或为招标文件所不允许的。

（4）未按招标文件规定的格式、要求填写，内容不全或字迹潦草、模糊，辨认不清的。

（5）投标人在一份投标文件中对同一招标项目报有两个或多个报价，且未书面声明以哪个报价为准的。

（6）逾期送达的。

（7）投标人未参加开标会议的。

（8）未提交合格的撤回通知的。

有上述情形，如果涉及投标文件实质性内容的，应当留待评标时由评标组织评审、确认投标文件是否有效。实践中，对在开标时就被确认无效的投标文件，也有不启封或不宣读的做法。如投标文件在启封前被确认为无效的，不予启封；在启封后唱标前被确认为无效的，不予宣读。在开标时确认投标文件是否无效，一般应由参加开标会议的招标人或其代表进行，确认的结果投标当事人无异议的，经招标投标管理机构认可后宣布。如果投标当事人有异议的，则应留待评标时由评标组织评审确认。

（八）组建评标组织进行评标

开标会结束后，招标人要接着组织评标。评标必须在招标投标管理机构的监督下，由招标人依法组建的评标组织进行。组建评标组织是评标前的一项重要工作。

评标组织由招标人的代表和有关经济、技术等方面的专家组成。其具体形式为评标委员会，实践中也有是评标小组的。评标组织成员的名单在中标结果确定前应当保密。评标一般采用评标会的形式进行。参加评标会的人员为招标人或其代表人、招标代理人、评标组织成员、招标投标管理机构的监管人员等。投标人不能参加评标会。评标会由招标人或其委托的代理人召集，由评标组织负责人主持。

1. 评标会的程序

（1）开标会结束后，投标人退出会场，参加评标会的人员进入会场，由评标组织负责人宣布评标会开始。

（2）评标组织成员审阅各个投标文件，主要检查确认投标文件是否实质上响应招标文件的要求；投标文件正副本之间的内容是否一致；投标文件是否有重大漏项、缺项；是否提出了招标人不能接受的保留条件等。

（3）评标组织成员根据评标定标办法的规定，只对未被宣布无效的投标文件进行评议，并对评标结果签字确认。

（4）如有必要，评标期间，评标组织可以要求投标人对投标文件中不清楚的问题做必要的澄清或者说明，但是，澄清或者说明不得超出投标文件的范围或改变投标文件的实质性内容。所澄清和确认的问题，应当采取书面形式，经招标人和投标人双方签字后，作为投标文件的组成部分，列入评标依据范围。在澄清会谈中，不允许招标人和投标人变更或寻求变更价格、工期、质量等级等实质性内容。开标后，投标人对价格、工期、质量等级等实质性内容提出的任何修正声明或者附加优惠条件，一律不得作为评标组织评标的依据。

（5）评标组织负责人对评标结果进行校核，按照优劣或得分高低排出投标人顺序，并形成评标报告，经招标投标管理机构审查，确认无误后，即可据评标报告确定出中标人。至此，评标工作结束。

2. 两段三审

从评标组织评议的内容来看，通常可以将评标的程序分为两段三审——初审、终审和三审。

初审即对投标文件进行符合性评审、技术性评审和商务性评审，从未被宣布为无效或作废的投标文件中筛选出若干具备评标资格的投标人。

终审是指对投标文件进行综合评价与比较分析，对初审筛选出的若干具备评标资格的投标人进行进一步澄清、答辩，择优确定出中标候选人。

三审就是指对投标文件进行的符合性评审、技术性评审和商务性评审。

应当说明的是，终审并不是每一项评标都必须有的，如未采用单项评议法的，一般就可不进行终审。

3. 评审内容

评标组织对投标文件审查、评议的主要内容，包括：

（1）对投标文件进行符合性鉴定。包括商务符合性和技术符合性鉴定。投标文件应实质上响应招标文件的要求。所谓实质上响应招标文件的要求，就是指投标文件应该与招标文件的所有条款、条件和规定相符，无显著差异或保留。如果投标文件实质上不响应招标文件的要求，招标人应予以拒绝，并不允许投标人通过修正、撤销或保留其不符合要求的差异，使之成为具有响应性的投标文件。

（2）对投标文件进行技术性评估。主要包括对投标人所报的方案或组织设计、关键工序、进度计划、人员和机械设备的配备、技术能力、质量控制措施、临时设施的布置和临时用地情况、施工现场周围环境污染的保护措施等进行评估。

（3）对投标文件进行商务性评估。指对确定为实质上响应招标文件要求的投标文件进行投标报价评估，包括对投标报价进行校核，审查全部报价数据是否有计算上或累计上的算术错误，分析报价构成的合理性。发现报价数据上有算术错误，修改的原则是：如果用数字表示的数额与用文字表示的数额不一致时，以文字数额为准；当单价与工程量的乘积与合价之间不一致时，通常以标出的单价为准，除非评标组织认为有明显的小数点错位，此时应以标出的合价为准，并修改单价。按上述原则调整投标书中的投标报价，经投标人确认同意后，对投标人起约束作用。如果投标人不接受修正后的投标报价，则其投标将被拒绝。

（4）对投标文件进行综合评价与比较。评标应当按照招标文件确定的评标标准和方法，按照平等竞争、公正合理的原则，对投标人的报价、工期、质量、主要材料用量、施工方案或组织设计、以往业绩和履行合同的情况、社会信誉、优惠条件等方面进行综合评价和比较，并与标底进行对比分析，通过进一步澄清、答辩和评审，公正合理地择优选定中标候选人。

4. 定标方法

评标组织的评标定标方法，主要有单项评议法、综合评议法、两阶段评议法等。

（九）择优定标，发出中标通知书

评标结束应当产生出定标结果。招标人根据评标组织提出的书面评标报告和推荐的中标候选人确定中标人，也可以授权评标组织直接确定中标人。定标应当择优，经评标能当场定标的，应当场宣布中标人；不能当场定标的，中小型项目应在开标之后 7 天内定标，大型项目应在开标之后 14 天内定标；特殊情况需要延长定标期限的，应经招标投标管理机构同意。招标人应当自定标之日起 15 天内向招标投标管理机构提交招标投标情况的书面报告。

中标人的投标，应符合下列条件之一：

第一，能够最大限度地满足招标文件中规定的各项综合评价标准。

第二，能够满足招标文件实质性要求，并且经评审的投标价格最低，但投标价格低于成本的除外。

在评标过程中，如发现有下列情形之一不能产生定标结果的，可宣布招标失败：

第一，所有投标报价高于或低于招标文件所规定的幅度的。

第二，所有投标人的投标文件均实质上不符合招标文件的要求，被评标组织否决的。

如果发生招标失败，招标人应认真审查招标文件及标底，做出合理修改，重新招标。在重新招标时，原采用公开招标方式的，仍可继续采用公开招标方式，也可改用邀请招标方式；原采用邀请招标方式的，仍可继续采用邀请招标方式。

经评标确定中标人后，招标人应当向中标人发出中标通知书，并同时将中标结果通知所有未中标的投标人，退还未中标的投标人的投标保证金。在实践中，招标人发出中标通知书，通常是与招标投标管理机构联合发出或经招标投标管理机构核准后发出。中标通知书对招标人和中标人具有法律效力。中标通知书发出后，招标人改变中标结果的，或者中标人放弃中标项目的，应承担法律责任。

（十）签订合同

中标人收到中标通知书后，招标人、中标人双方应具体协商谈判签订合同事宜，形成合同草案。在各地的实践中，合同草案一般需要先报招标投标管理机构审查。招标投标管理机构对合同草案的审查，主要是看其是否按中标的条件和价格拟订。经审查后，招标人与中标人应当自中标通知书发出之日起 36 天内，按照招标文件和中标人的投标文件正式签订书面合同。招标人和中标人不得再订立背离合同实质性内容的其他协议。同时，双方要按照招标文件的约定相互提交履约保证金或者履约保函，招标人还要退还中标人的投标保证金。招标人如拒绝与中标人签订合同，除双倍返还投标保证金外，还需赔偿有关损失。

履约保证金或履约保函是为约束招标人和中标人履行各自的合同义务而设立的一种合同担保形式。其有效期通常为 2 年，一般直至履行了义务（如提供了服务、交付了货物或工程已通过了验收等）为止。招标人和中标人订立合同相互提交履约保证金或者履约保函时，应注意指明履约保证金或履约保函到期的具体日期，不能具体指明到期日期的，也应在合同中明确履约保证金或履约保函的失效时间。如果合同规定的项目在履约保证金或履约保函到期日未能完成的，则可以对履约保证金或履约保函展期，即延长履约保证金或履约保函的有效期。履约保证金或履约保函的金额，通常为合同标的额的 5%～16%，也有的规定不超过合同金额的 5%。合同订立后，应将合同副本分送各有关部门备案，以便接受保护和监督。至此，招标工作全部结束。招标工作结束后，应将有关文件资料整理归档，以备查考。

三、水利工程施工投标

从投标人的角度看，建设工程投标的一般程序，主要经历以下七个环节：

第一，向招标人申报资格审查，提供有关文件资料。

第二，购领招标文件和有关资料，缴纳投标保证金。

第三，组织投标班子，委托投标代理人。

第四，参加踏勘现场和投标预备会。

第五，编制、递送投标书。

第六，接受评标组织就投标文件中不清楚的问题进行的询问，举行澄清会谈。

第七，接受中标通知书，签订合同，提供履约担保，分送合同副本。

（一）向招标人申报资格审查，提供有关文件资料

投标人在获悉招标公告或投标邀请后，应当按照招标公告或投标邀请书中所提出的资格审查要求，向招标人申报资格审查。资格审查是投标人投标过程中的第一关。

采用不同的招标方式，对潜在投标人资格审查的时间和要求不一样。如在国际工程无限竞争性招标中，通常在投标前进行资格审查，这叫作资格预审，只有资格预审合格的承包商才可能参加投标；也有些国际工程无限竞争性招标不在投标前而在开标后进行资格审

查，这被称作资格后审。在国际工程有限竞争招标中，通常是在开标后进行资格审查，并且这种资格审查往往作为评标的一个内容，与评标结合起来进行。

我国建设工程招标中，在允许投标人参加投标前一般都要进行资格审查，但资格审查的具体内容和要求有所区别。

（二）购领招标文件和有关资料，缴纳投标保证金

投标人经资格审查合格后，便可向招标人申购招标文件和有关资料，同时要缴纳投标保证金。

投标保证金：为防止投标人对其投标活动不负责任而设定的一种担保形式，是招标文件中要求投标人向招标人缴纳的一定数额的金钱。

缴纳办法：应在招标文件中说明，并按招标文件的要求进行。

形式：一般来说，投标保证金可以采用现金，也可以采用支票、银行汇票，还可以是银行出具的银行保函。银行保函的格式应符合招标文件提出的格式要求。

额度：根据工程投资大小由业主在招标文件中确定。

在国际上，投标保证金的数额较高，一般设定在占投资总额的1%~5%。而我国的投标保证金数额，则普遍较低。如有的规定最高不超过16万元，有的规定一般不超过56万元，有的规定一般不超过投标总价的2%等。

有效期：直到签订合同或提供履约保函为止，通常为3~6个月，一般应超过投标有效期的28天。

（三）组织投标班子，委托投标代理人

投标人在通过资格审查、购领了招标文件和有关资料之后，就要按招标文件确定的投标准备时间着手开展各项投标准备工作。

投标准备时间：指从开始发放招标文件之日起至投标截止时间为止的期限，由招标人根据工程项目的具体情况确定，一般为28天之内。

投标班子一般应包括下列三类人员：

1. 经营管理类人员

这类人员一般是从事工程承包经营管理的行家里手，熟悉工程投标活动的筹划和安排，具有相当的决策水平。

2. 专业技术类人员

这类人员是从事各类专业工程技术的人员，如建筑师、监理工程师、结构工程师、造价工程师等。

3. 商务金融类人员

这类人员是从事有关金融、贸易、财税、保险、会计、采购、合同、索赔等项工作的人员。

（四）参加踏勘现场和投标预备会

投标人拿到招标文件后，应进行全面细致的调查研究。若有疑问或不清楚的问题需要招标人予以澄清和解答的，应在收到招标文件后的7日内以书面形式向招标人提出。

投标人在去现场踏勘之前，应先仔细研究招标文件有关概念的含义和各项要求，特别是招标文件中的工作范围、专用条款以及设计图纸和说明等，然后有针对性地拟定出踏勘提纲，确定重点，需要澄清和解答的问题，做到心中有数。投标人参加现场踏勘的费用，由投标人自己承担。招标人一般在招标文件发出后，就着手考虑安排投标人进行现场踏勘等准备工作，并在现场踏勘中对投标人给予必要的协助。

投标人进行现场踏勘的内容，主要包括以下几个方面：

（1）工程的范围、性质以及与其他工程之间的关系。

（2）投标人参与投标的那一部分工程与其他承包商或分包商之间的关系。

（3）现场地貌、地质、水文、气候、交通、电力、水源等情况，有无障碍物等。

（4）进出现场的方式，现场附近有无食宿条件，料场开采条件，其他加工条件，设备维修条件等。

（5）现场附近治安情况。

投标预备会，又称答疑会、标前会议，一般在现场踏勘之后的1~2天内举行。答疑会的目的是解答投标人对招标文件和在现场中所提出的各种问题，并对图纸进行交底和解释。

（五）编制和递交投标文件

经过现场踏勘和投标预备会后，投标人可以着手编制投标文件。投标人着手编制和递交投标文件的具体步骤和要求，主要是：

1. 结合现场踏勘和投标预备会的结果，进一步分析招标文件

招标文件是编制投标文件的主要依据，因此，必须结合已获取的有关信息认真细致地加以分析研究，特别是要重点研究其中的投标须知、专用条款、设计图纸、工程范围以及工程量表等，要弄清到底有没有特殊要求或有哪些特殊要求。

2. 校核招标文件中的工程量清单

投标人是否校核招标文件中的工程量清单或校核得是否准确，直接影响到投标报价和

中标概率。因此，投标人应认真对待。通过认真校核工程量，投标人大体确定了工程总报价之后，估计某些项目工程量可能增加或减少的，就可以相应地提高或降低单价。如发现工程量有重大出入的，特别是漏项的，可以找招标人核对，要求招标人认可，并给予书面确认。这对于总价固定合同来说，尤其重要。

3. 根据工程类型编制施工规划或施工组织设计

施工规划或施工组织设计的内容，一般包括施工程序、方案，施工方法，施工进度计划，施工机械、材料、设备的选定和临时生产、生活设施的安排，劳动力计划，以及施工现场平面和空间的布置。施工规划或施工组织设计的编制依据，主要是设计图纸、技术规范，复核了的工程量，招标文件要求的开工、竣工日期，以及对市场材料、机械设备、劳动力价格的调查。编制施工规划或施工组织设计，要在保证工期和工程质量的前提下，尽可能使成本最低、利润最大。具体要求是，根据工程类型编制出最合理的施工程序，选择和确定技术上先进、经济上合理的施工方法，选择最有效的施工设备、施工设施和劳动组织，周密、均衡地安排人力、物力和生产，正确编制施工进度计划，合理布置施工现场的平面和空间。

4. 根据工程价格构成进行工程估价，确定利润方针，计算和确定报价

投标报价是投标的一个核心环节，投标人要根据工程价格构成对工程进行合理估价，确定切实可行的利润方针，正确计算和确定投标报价。投标人不得以低于成本的报价竞标。

5. 形成、制作投标文件

（1）投标文件应完全按照招标文件的各项要求编制。投标文件应当对招标文件提出的实质性要求和条件做出响应，一般不能带任何附加条件，否则将导致投标无效。

（2）投标文件一般应包括以下内容：

①投标书。

②投标书附录。

③投标保证书（银行保函、担保书等）。

④法定代表人资格证明书。

⑤授权委托书。

⑥具有标价的工程量清单和报价表。

⑦施工规划或施工组织设计。

⑧施工组织机构表及主要工程管理人员人选及简历、业绩。

⑨拟分包的工程和分包商的情况（如有时）。

⑩其他必要的附件及资料，如投标保函、承包商营业执照和能确认投标人财产经济状况的银行或其他金融机构的名称及地址等。

6. 递送投标文件

递送投标文件，也称递标，是指投标人在招标文件要求提交投标文件的截止时间前，将所有准备好的投标文件密封送达投标地点。招标人收到投标文件后，应当签收保存，不得开启。投标人在递交投标文件以后，投标截止时间之前，可以对所递交的投标文件进行补充、修改或撤回，并书面通知招标人，但所递交的补充、修改或撤回通知必须按招标文件的规定编制、密封和标志。补充、修改的内容为投标文件的组成部分。

（六）出席开标会议，参加评标期间的澄清会谈

投标人在编制、递交了投标文件后，要积极准备出席开标会议。参加开标会议对投标人来说，既是权利也是义务。按照国际惯例，投标人不参加开标会议的，视为弃权，其投标文件将不予启封，不予唱标，不允许参加评标。投标人参加开标会议，要注意其投标文件是否被正确启封、宣读，对于被错误地认定为无效的投标文件或唱标出现的错误，应当场提出异议。在评标期间，评标组织要求澄清投标文件中不清楚问题的，投标人应积极予以说明、解释、澄清。澄清招标文件一般可以采用向投标人发出书面询问，由投标人书面做出说明或澄清的方式，也可以采用召开澄清会的方式。澄清会是评标组织为有助于对投标文件的审查、评价和比较，而个别地要求投标人澄清其投标文件（包括单价分析表）而召开的会议。在澄清会上，评标组织有权就投标文件中不清楚的问题向投标人提出询问。有关澄清的要求和答复，最后均应以书面形式进行。所说明、澄清和确认的问题，经招标人和投标人双方签字后，作为投标书的组成部分。在澄清会谈中，投标人不得更改标价、工期等实质性内容，开标后和定标前提出的任何修改声明或附加优惠条件，一律不得作为评标的依据。

（七）接受中标通知书，签订合同，提供履约担保，分送合同副本

经评标，投标人被确定为中标人后，应接受招标人发出的中标通知书。未中标的投标人有权要求招标人退还其投标保证金。中标人收到中标通知书后，应在规定的时间和地点与招标人签订合同。在合同正式签订之前，应先将合同草案报招标投标管理机构审查。经审查后，中标人与招标人在规定的期限内签订合同。结构不太复杂的中小型工程一般应在 7 天以内，结构复杂的大型工程一般应在 14 天以内，按照约定的具体时间和地点，依据招标文件、投标文件的要求和中标的条件签订合同。同时，按照招标文件的要求，提交履约保证金或履约保函，招标人同时退还中标人的投标保证金。中标人如拒绝在规定的时间内提交履约担保和签订合同，招标人报请招标投标管理机构批准同意后取消其中标资格，并按规定不退还其投标保证金，并考虑在其余投标人中重新确定中标人，与之签订合同，或重新招标。中标人与招标人正式签订合同后，应按要求将合同副本分送有关主管部门备案。

第三节　水利工程项目投标的技术性策略

一、商务标编制

（一）商务标编制的要求

商务标主要是指报价，报价的合理性、科学性直接关系到能否中标。所以对报价要分析多种情况的可能性，包括临时工程、主体工程的报价等。

1. 合理的报价

在对招标文件进行充分、完整、准确无误理解的基础上，编制出的报价是投标人施工措施、能力、水平的综合反映，应是合理的较低报价。合理的报价其编制依据比较充分、可靠，计算比较准确，报价水平比较适中，既能获得一定的盈利，又能在竞争中被招标人所接受，当报价高出标底很多时，往往不被招标人考虑，而低于标底很多，或明显低于其他投标人报价很多时，不仅使投标人有潜在的亏损危险，而且容易招致评委和招标人对投标单位的实力产生怀疑。所以只有与标底接近，既低而又适度的报价才更可能为招标者所理解和接受，合理的报价还应与投标人本身具备的技术水平和工程条件相适应，量力而行，根据自身的施工特点和实际情况制订相应的施工方案，投出自己能接受的报价。

首先，临时工程要充分分析该招标工程的工作内容、工作范围、工期、质量目标等，结合自身的实际施工能力、施工方案及施工特点计算出合理的临时工程报价。如在某水闸改建工程投标中，对于临时工程中施工降排水一项的报价，几家施工单位根据自身施工方案的比选和具体的施工安排报出的单价不尽相同，其中最高和最低的差价竟达临时工程平均价的46%，单位甲施工降排水采用明沟排水与管井降水相结合，具体的做法是地表水主要用明沟排水，地下水则采用管井降水，根据地质条件及土层分布，结合基坑面积，配备合理的承压完整井12只，且根据土层土质分布情况，将承压井的进水孔分布在砂性土较多透水性较好的土层（即高程-15~12m）；单位乙则采用井点降水法，使用针井和管井相结合的方法，针井主要分布在闸主体基坑的四周边坡上，目的是防止土方开挖时边坡塌方，管井主要用于基坑内的降排水，管井共计18只，均匀分布，透水位置布置在高程-22m左右的位置。还有的投标单位对总的基坑降排水全部采用针井点法，这显然不符合现场的具体实际情况，比较这些投标单位的投标方案及相应的报价，说明施工单位在分析招标文件时，对文件的理解程度不够深，对施工现场的具体实际情况缺乏了解，从而在投标中报价出现失误，影响中标率。其次，主体工程要仔细认真研究，列出几种可行的施工方案，对几种方案均进行施工预算，比选出最优最利于施工且报价合理的施工方案，最终照此方案编制出最终报价。

2. 单价合理可靠

投标书中的单项子目的单价应依靠相应的预算书及实际市场价合理可行，同时依据投标书中所制定的施工组织设计，根据其具体的施工方案对照预算书中相应的子目，定出合理的单价，对临时工程的实际单价一定要充分理解招标文件内容，同时亦要对招标标前会建设方提出的种种要求充分考虑。

3. 认真填写价书

投标人在计算出该工程的预算报价后应严格按照招标文件的要求，填写到相应的表格中，同时应注意不能更改招标书中的工程量清单，既不能增加工程量清单子目，也不能随意删减清单中的子目，尽可能杜绝算术错误，以防止引起不必要的麻烦，从而造成评委在评标中产生歧义或误解。

（二）商务标编制的技巧

1. 量力而行

对实行单价承包的子目，在一般的工程投标中，各施工单位都有自己的一套投标经验，对于自己的弱项，尽可能充分考虑，编制的单价可能相对较高一点，对于一些是自己的强项的分部或单元，投标报价可能要低一些，所以对施工能力较强，施工经验丰富的大单位，在投标中会占一点优势，当然，不论如何报价，总要根据自身的实际施工能力而定，即使不中标，也不能做亏本工程（想扩大企业自身的知名度，提高市场占有率的除外）。

2. 考虑全面

对实行总价承包的子目，作为投标人，首先要充分了解该子目应含的各项施工内容，要结合施工现场的实际情况，比如临时工程，一般大都是总价承包，对于不同的工程，应列的子目也不尽相同，它必须考虑到施工地点的实际情况，如地质条件、交通运输情况、供水、供电，以及现场许多需要充分考虑的种种因素（甚至包括当地风土人情及生活习惯）。

3. 取长补短

对某些实行单价承包工程，根据施工现场的实际情况，很有可能会增加工程量，应尽量在合理范围内抬高编制单价，为增加工程利润打下伏笔，对其他没有可能增加的子目，相对要低一些，以保证总价控制范围。与此同时，也要防止报价的不平衡性，以防在评标中被扣分。

4. 参照对比

对照以往已建的类似工程，以原有的子目单价作为参照系，根据价格的可比原则，结合当前的实际情况，拟定出合理的子目单价。

5. 知己知彼

对参加投标的其他施工单位也应该有一个充分的了解，俗话说"知己知彼，百战不殆"，在客观分析自己的实力后，还应了解竞争对手实际施工能力以及它的投标策略，分析其可能出现的报价，并据此采取相应的对策。

二、技术标的编制

（一）充分领会招标文件精神

要仔细阅读招标文件，包括工程量清单、施工要求以及施工现场的实际情况，只有充分了解招标情况，充分估计到施工过程中会出现的种种问题，才能根据自身的实际情况，制定详细且很有针对性的施工组织设计。施工组织设计不仅要有详细的施工方法、施工方案、施工工期、施工质量要求，而且在安全施工、文明施工方面均要有详细的措施及规章制度。每个施工单位实际情况均有不同，故而其施工组织设计应该有自己的特色，要把自己最擅长的展现给评委，让评委看了投标书后，能一目了然且思路清晰，对你的强项有一个较深的印象；有的施工企业在编写施工组织设计时，常常是东抄一段，西拉一段，拼拼凑凑，甚至出现不应有的前后矛盾，结果让评委看了，觉得没有企业自己的东西，从而怀疑其企业实力和真正的施工能力，导致评分降低。

（二）比照评标办法

按照招标书要求的评标办法，对应相应的技术标打分要求，逐项对应地编写投标书，如投标单位前3年的工程业绩，编入的工程要符合评标办法的要求，且要材料齐全、满足评标办法的要求。不能因为漏项而导致不必要的扣分。

（三）要注意整个工程的统一性、完整性

主要表现在施工方案的设计是否科学，施工工期的安排是否合理，工场的布置是否满足施工要求等。要严格响应招标书要求。

三、标书的装订

整个投标书编写内容全部完成后，到了最后一步——标书的装订，许多投标单位不太重视这看似简单的最后一道工序，结果往往因小失大，与中标无缘。投标书的外观整洁美观令人赏心悦目，无疑会给评委增加几分印象分，若标书装订得不整洁，虽然里面的内容很好，无形之中也会降低得分；另外在装订时要特别注意检查是否有遗漏缺页，避免因为不必要的失误而导致评标时失分。

四、投标报价技巧

投标技巧是指在投标报价中采用的投标手段让招标人可以接受，中标后能获得更多的利润。投标人在工程投标时，主要应该在先进合理的技术方案和较低的投标价格上下功夫，以争取中标，但是还有其他一些手段对中标有辅助性的作用，主要有以下七个方面：

（一）不平衡报价法

不平衡报价法是指一个工程项目的投标报价，在总价基本确定后，如何调整内部各个项目的报价，以期既不提高总价，不影响中标，又能在结算时得到更理想的经济效益。

1. 能够早日结算的项目，如前期措施费、基础工程、土石方工程等可以报得较高，以利资金周转。后期工程项目如设备安装、装饰工程等的报价可适当降低。

2. 经过工程量核算，预计今后工程量会增加的项目，单价适当提高，这样在最终结算时可多赚钱，而将来工程量有可能减少的项目单价降低，工程结算时损失不大。

但是，上述两种情况要统筹考虑，即对于清单工程量有错误的早期工程，如果工程量不可能完成而有可能降低的项目，则不能盲目抬高单价，要具体分析后再定。

3. 设计图纸不明确，估计修改后工程量要增加的，可以提高单价，而工程内容说不清楚的，则可以降低一些单价。

4. 暂定项目又叫任意项目或选择项目，对这类项目要做具体分析。因这一类项目要开工后由发包人研究决定是否实施，由哪一家投标人实施。如果工程不分包，只由一家投标人施工，则其中肯定要施工的单价可高些，不一定要施工的则应该低些。如果工程分包，该暂定项目也可能由其他投标人施工时，则不宜报高价，以免抬高总报价。

5. 单价包干的合同中，招标人要求有些项目采用包干报价时，宜报高价。一则这类项目多半有风险，二则这类项目在完成后可全部按报价结算，即可以全部结算回来。其余单价项目则可适当降低。

6. 有时招标文件要求投标人对工程量大的项目报"清单项目报价分析表"，投标时可将单价分析表中的人工费及机械设备费报得较高，而材料费报得较低。这主要是为了在今后补充项目报价时，可以参考选用"清单项目报价分析表"中较高的人工费和机械费，而材料则往往采用市场价，因而可获得较高的收益。

7. 在议标时，投标人一般都要压低标价。这时应该首先压低那些工程量少的单价，这样即使压低了很多单价，总的标价也不会降低很多，而给发包人的感觉却是工程量清单上的单价大幅度下降，投标人很有让利的诚意。

8. 在其他项目费中要报工日单价和机械台班单价，可以高些，以便在日后招标人用工或使用机械时可多盈利。对于其他项目中的工程量要具体分析，是否报高价，高多少有一个限度，不然会抬高总报价。

虽然不平衡报价对投标人可以降低一定的风险，但报价必须建立在对工程量清单表中的工程量风险仔细核对的基础上，特别是对于降低单价的项目，如工程量一旦增多，将造成投标人的重大损失，同时一定要控制在合理幅度内，以免引起招标人反对，甚至导致个别清单项报价不合理而废标。如果不注意这一点，有时招标人会挑选出报价过高的项目，要求投标人进行单价分析而围绕单价分析中过高的内容压价，以致投标人得不偿失。

（二）多方案报价法

有时招标文件中规定，可以提一个建议方案。如果发现有些招标文件工程范围不很明确，条款不清楚或很不公正，技术规范要求过于苛刻时，则要在充分估计风险的基础上，按多方案报价法处理。即是按原招标文件报一个价，然后再提出如果某条款做某些变动，报价可降低的额度。这样可以降低总造价，吸引招标人。

投标人这时应组织一批有经验的设计和施工工程师，对原招标文件的设计方案仔细研究，提出更合理的方案以吸引招标人，促成自己的方案中标。这种新的建议可以降低总造价或提前竣工。但要注意的是，对原招标方案一定也要报价，以供招标人比较。

增加建议方案时，不要将方案写得太具体，保留方案的技术关键，防止招标人将此方案交给其他投标人，同时要强调的是，建议方案一定要比较成熟，或过去有这方面的实践经验。因为投标时间往往较短，如果仅为中标而匆忙提出一些没有把握的建议方案，可能引起很多不良后果。

（三）突然降价法

报价是一件保密的工作，但是对手往往会通过各种渠道、手段来刺探情报，用此法可以在报价时迷惑竞争对手。即先按一般情况报价或表现出自己对该工程兴趣不大，到快要投标截止时，才突然降价。采用这种方法时，一定要在准备投标报价的过程中考虑好降价的幅度，在临近投标截止日期前，根据情况信息与分析判断，再做最后决策。采用突然降价法往往降低的是总价，而要把降低的部分分摊到各清单项内，可采用不平衡报价进行，以期取得更高的效益。

（四）先亏后盈法

对于大型分期建设的工程，在第一期工程投标时，可以将部分间接费分摊到第二期工程中去，并减少利润以争取中标。这样在第二期工程投标时，凭借第一期工程的经验和临时设施以及创立的信誉，比较容易拿到第二期工程。如第二期工程遥遥无期时，则不可以这样考虑。

（五）开标升级法

在投标报价时把工程中某些造价高的特殊工作内容从报价中减掉，使报价成为竞争对手无法相比的低价。利用这种"低价"来吸引招标人，从而取得与招标人进一步商谈的机会，在商谈过程中逐步提高价格。当招标人明白过来当初的"低价"实际上是个钓饵时，往往已经在时间上处于谈判弱势，丧失了与其他投标人谈判的机会。利用这种方法时，要特别注意在最初的报价中说明某项工作的缺项，否则可能会弄巧成拙，真的以"低价"中标。

（六）承诺优惠条件

投标报价附带优惠条件是行之有效的一种手段。招标人评标时，除了主要考虑报价和技术方案外，还要分析别的条件，如工期、支付条件等。所以在投标时主动提出提前竣工、低息贷款、赠给施工设备、免费转让新技术或某种技术专利、免费技术协作、代为培训人员等，均是吸引招标人、利于中标的辅助手段。

（七）争取评标奖励

有时招标文件规定，对某些技术指标的评标，若投标人提供的指标优于规定指标值时，给予适当的评标奖励。因此，投标人应该使招标人比较注重的指标适当地优于规定标准，可以获得适当的评标奖励，有利于在竞争中取胜。但要注意技术性能优于招标规定，将导致报价相应上涨，如果投标报价过高，即使获得评标奖励，也难以与报价上涨的部分相抵，这样评标奖励也就失去了意义。

第四章　水利工程建设进度管理

第一节　进度管理基本概念

一、工程进度管理概念

在全面分析建设工程项目的工作内容、工作程序、持续时间和逻辑关系的基础上编制进度计划，力求使拟订的计划具体可行、经济合理，并在计划实施过程中，通过采取有效措施，为确保预定进度目标的实现，而进行的组织、指挥、协调和控制（包括必要时对计划进行调整）等活动，称之为工程项目的进度管理。

项目进度管理是项目管理的一个重要方面，它与项目费用管理、项目质量管理等同为项目管理的重要组成部分。它是保证项目如期完成或合理安排资源供应，节约工程成本的重要措施之一。

工程项目进度管理通常有以下四个特点：

（一）进度管理是一个动态过程

工程项目通常建设周期较长，随着工程项目的进展，各种内部、外部环境和条件的变化，都会使工程项目本身受到一定的影响。因此，在工程实施过程中，进度计划也应随着环境和条件的改变而做出相应的修改和调整，以保证进度计划的指导性和可行性。

（二）进度计划具有很强的系统性

工程项目进度计划是控制工程项目进度的系统性计划体系，既有总的进度计划，又有各个阶段的进度计划，诸如项目前期工作计划、工程设计进度计划、工程施工进度计划等，每个阶段的计划又可分解为若干子项计划，所有这些计划在内容上彼此联系，相互影响。

（三）进度管理是一种既有综合性又有创造性的工作

工程项目进度管理不但要沿用前人的管理理论知识，借鉴同类工程项目的进度管理经验和技术成果，而且还要结合工程项目的具体情况，大胆创新。

（四）进度管理具有阶段性和不平衡性

工程进展的各个阶段，如工程准备阶段、招投标阶段、勘察设计阶段、施工阶段、竣工阶段等都有明确的起始与完成时间以及不同的工作内容，因此相应的进度计划和实施控制的方式也不相同。

二、项目进度管理程序和内容

（一）工程项目进度管理程序

工程项目进度管理，须结合工程项目所处环境及其自身特点和内在规律，按照科学合理的方法及程序，采取一系列相关措施，有计划有步骤地监测和管理项目。一般而言，进度管理按以下程序进行：

1. 确立项目进度目标。

2. 编制工程项目进度计划。

3. 实施工程项目进度计划，经常地、定期地对执行情况进行跟踪检查，收集有关实际进度的资料和数据。

4. 对有关资料进行整理和统计，将实际进度和计划进度进行分析对比。

5. 若发现问题，即实际进度与计划进度对比发生偏差，则根据实际情况采取相应的措施，必要的时候进行计划调整。

6. 继续执行原计划或调整后的计划。重复3-5步骤，直至项目竣工验收合格并移交。

（二）工程项目进度管理内容

工程项目进度管理包括两大部分内容，即项目进度计划的编制和项目进度计划的控制。

1. 项目进度计划的编制

（1）工程项目进度计划的作用

凡事豫则立，不豫则废。在项目进度管理上亦是如此。在项目实施之前，必须先制订一个切实可行的、科学的进度计划，然后再按计划逐步实施。这个计划的作用有：①为项目实施过程中的进度控制提供依据。②为项目实施过程中的劳动力和各种资源的配置提供依据。③为项目实施有关各方在时间上的协调配合提供依据。④为在规定期限内保质、高效地完成项目提供保障。

（2）工程项目进度计划的分类

①按项目参与方划分，有业主进度计划、承包商进度计划、设计单位进度计划、物资供应单位进度计划等。②按项目阶段划分，有项目前期决策进度计划、勘察设计进度计划、施工招标进度计划、施工进度计划等。③按计划范围划分，有建设工程项目总进度计划，单项（单位）工程进度计划，分部、分项工程进度计划等。④按时间划分，有年度进度计划、季度进度计划、月度进度计划、周进度计划等。

（3）制订项目进度计划的步骤

为满足项目进度管理和各个实施阶段项目进度控制的需要，同一项目通常需要编制各种项目进度计划。这些进度计划的具体内容可能不同，但其制订步骤却大致相似。一般包括收集信息资料、进行项目结构分解、项目活动时间估算、项目进度计划编制等步骤。为保证项目进度计划的科学性和合理性，在编制进度计划前，必须收集真实、可靠的信息资料，以作为编制计划的依据。这些信息资料包括项目开工及投产的日期；项目建设的地点及规模；设计单位各专业人员的数量、工作效率、类似工程的设计经历及质量；现有施工单位资质等级、技术装备、施工能力、类似工程的施工状况；国家有关部门颁发的各种有关定额等资料。

工作结构分解（WBS）是指根据项目进度计划的种类、项目完成阶段的分工、项目进度控制精度的要求，以及完成项目单位的组织形式等情况，将整个项目分解成一系列相关的基本活动。这些基本活动在进度计划中通常也被称之为工作。项目活动时间估算是指在项目分解完毕后，根据每个基本活动工作量的大小，投入资源的多少，及完成该基本活动的条件限制等因素，估算完成每个基本活动所需的时间。项目进度计划编制就是在上述工作的基础上，根据项目各项工作完成的先后顺序要求和组织方式等条件，通过分析计算，将项目完成的时间、各项工作的先后顺序、期限等要素用图表形式表示出来，这些图表即是项目进度计划。

2. 项目进度计划的控制

项目进度控制，是指制订项目进度计划以后，在项目实施工程中，对实施进展情况进行的检查、对比、分析、调整，以确保项目进度计划总目标得以实现的活动。

在项目实施工程中，必须经常检查项目的实际进展情况，并与项目进度计划进行比较。如果实际进度与计划进度相符，则表明项目完成情况良好，进度计划总目标的实现有保证。如果实际进度已偏离了计划进度，则应分析产生偏差的原因和对后续工作及项目进度计划总目标的影响，找出解决问题的办法和避免进度计划总目标受影响的切实可行措施，并根据这些办法和措施，对原项目进度计划进行修改，使之符合现在的实际情况并保证原项目进度计划总目标得以实现。然后再进行新的检查、对比分析、调整，直至项目最终完成。

三、工程项目进度管理的方法

（一）工程项目进度计划的表示方法

工程项目进度计划的主要表达形式有横道图、垂直图、进度曲线、里程碑计划、网络图、形象进度图等。这些进度计划的表达形式通常是相互配合使用，以供不同部门、层次的进度管理人员使用。

1. 横道图

横道图，也称为甘特图，经长期应用与改进，已成为一种被广泛应用的进度计划表示方法。横道图的左边按活动的先后顺序列出项目的活动名称，图右边是进度标，图上边的横栏表示时间，用水平线段在时间坐标下标出项目的进度线，水平线段的位置和长短反映该项目从开始至完工的时间。利用横道图可将每天、每周或每月实际进度情况定期记录在横道图上。

这种方法简单明了，易于掌握，便于检查和计算资源需求情况。然而这种方法也存在如下缺点：不能明确地反映出各项工作之间的逻辑关系；当一些工作不能按计划实施时，无法分析其对后续工作和总工期的影响；不能明确关键工作和关键线路。因此，难以对计划执行过程中出现的问题做出准确的分析，不利于调整计划，发掘潜力，进行合理安排，也不利于工期和费用的优化。

2. 垂直图

垂直图比较法以横轴表示时间，纵轴表示各工作累计完成的百分比或施工项目的分段，图中每一条斜线表示其中某一工作的实施进度。这种方法常用于具有重复性工作的工程项目（如铁路、公路、管线等）的进度管理。

3. 网络图

网络图是由箭线和节点组成的，用来表示工作流程的有向、有序网状图形。它首先将整个工程项目分解为一个个独立的子项作业任务（工作），然后按这些工作之间的逻辑关系，从左至右用节点和箭线连接起来，绘制成表示工程项目所包含的全部工作连接关系的网状图形。网络计划具有以下特点：

（1）网络计划能够明确表达各项工作之间的逻辑关系。所谓逻辑关系，是指各项工作的先后顺序关系。网络计划能够明确地表达各项工作之间的逻辑关系，对于分析各项工作之间的相互影响及处理其间的协作关系具有非常重要的意义，同时也是网络计划比横道计划先进的主要特征。

（2）通过网络计划时间参数的计算，可以找出关键线路和关键工作。在关键线路法（CPM）中，关键线路是指在网络计划中从起点节点开始，沿箭线方向通过一系列箭线与节点，最后到达终点节点为止所形成的通路上所有工作持续时间总和最大的线路。关键线路上各项工作持续时间总和即为网络计划的工期，关键线路上的工作就是关键工作，关键工作的进度将直接影响到网络计划的工期。通过时间参数的计算，能够明确网络计划中的关键线路和关键工作，也就明确了工程进度控制中的工作重点，这对提高建设工程进度控制的效果具有非常重要的意义。

（3）通过网络计划的时间参数的计算，可以明确各项工作的机动时间。所谓工作的机动时间，是指在执行进度计划时除完成任务所必需的时间外尚剩余的、可供利用的富余时间，亦称时差。在一般情况下，除关键工作外，其他各项工作（非关键工作）均有富余时间。这种富余时间可视为一种"潜力"，既可以用来支援关键工作，也可以用来优化网络计划，降低单位时间资源需求量。

（4）网络计划可以利用电子计算机进行计算、优化和调整。对进度计划进行优化和调整是工程进度控制工作中的一项重要内容。仅靠手工计算、优化和调整是非常困难的，加之影响建设工程进度的因素有很多，只有利用电子计算机进行计划的优化和调整，才能适应实际变化的要求。

4. 进度曲线

进度曲线是以时间为横轴，以完成的累积工作量为纵轴，按计划时间累计完成任务量的曲线作为预定的进度计划。这种累计工程量的具体表示内容可以是实物工程量的大小、工时消耗或费用支出额，也可以用相应的百分比来表示。从整个工程的时间范围来看，由于工程项目在初期和后期单位时间投入的资源量较少，中期投入较多，因而累计完成的任务量呈 S 形，也称 S 曲线。

5. 里程碑计划

里程碑计划是在横道图上标示出一些关键事项，这些事项能够明显地确认，一般用来反映进度计划执行中各个施工子项目或施工阶段的目标。通过这些关键事项在一定时间内的完成情况可反映工程项目进度计划的进展情况，因而这些关键事项被称为里程碑。如在小浪底水利枢纽工程中，承包商在进度计划中确定了 13 个完工日期和最终完工日期作为工程里程碑，目标明确，便于控制工程进度，也使工程总进度目标的实现建立在可靠的基础上。运用里程碑需要与横道图和网络图结合使用。

6. 形象进度图

结合工程特点绘制进度计划图，如隧洞开挖与衬砌工程，可以在隧洞示意图上以不同颜色或标记表示工程进度。形象进度图的主要特点是形象、直观。

（二）工程项目进度控制方法

项目进度计划实施过程中的控制方法就是上述动态控制方法。即以项目进度计划为依据，在实施过程中不断跟踪检查实施情况，收集有关实际进度的信息，比较和分析实际进度与计划进度的偏差，找出偏差产生的原因和解决办法，确定调整措施，对原进度计划进行修改后再予以实施。随后继续检查、分析、修正；再检查、分析、修正……直至项目最终完成。整个项目实施过程都处在动态的检查修正过程之中。要求项目不折不扣地按照原定进度计划实施的做法是不现实的，也是不科学的。所以，只能是在不断检查分析调整中来对项目进度计划的实施加以控制，以保证其最大限度地符合变化后的实施条件，并最终实现项目进度计划总目标。

第二节　网络计划技术的主要种类

一、网络计划的种类

按网络计划的结构和功能划分，网络计划可分为以下三类：

（一）肯定性网络

网络图的结构形式和时间参数都是肯定性的，如 CPM 网络计划。

（二）概率性网络

网络图的结构形式是肯定性的，而时间参数是非肯定性的，如 PERT 网络计划；或者网络图的结构形式是非肯定性的，而时间参数是肯定性的，如 D-CPM 网络计划。

（三）随机性网络

网络图的结构形式和时间参数都是随机性的，如 GERT 网络计划和 VERT 网络计划。

CPM 网络计划按网络图的形式可划分为两种，即双代号网络计划（A-on-A）：网络图以箭线表示工作，用两个代号代表一项工作。单代号网络计划（A-on-N）：网络图以节点表示工作，用一个代号代表一项工作。

下面介绍 CPM 网络图的绘制、时间参数计算及网络优化。

二、网络图的绘制

（一）网络图的构成

1. 双代号网络图（A-on-A）的构成

双代号网络图以箭线表示工作，节点表示工作之间的连接，一项工作由两个代号代表。

双代号网络图的基本构成是：箭线、节点和线路，并通过箭线的箭头方向和节点的连接，表明工作的顺序和流向。

2. 单代号网络图（A-on-N）的构成

单代号网络图以节点表示工作，箭线表示工作间的连接，一项工作由一个代号代表。单代号网络图的基本构成也是节点、箭线和线路，并按箭线的箭头方向表明工作的顺序和流向。

无论是双代号网络图，或是单代号网络图，都是有向有序的连通图。双代号网络图与单代号网络图在使用上各有优缺点。双代号网络图逻辑关系表达清楚，可以画成具有时间坐标的时标网络图，应用普遍。但当逻辑关系复杂时，需要加入虚工作，增加了画图与运算的复杂性。单代号网络图绘图方便，易于修改，不需要加入虚工作，但图形比前者复杂，计算输入量较前者大，计算时间较长。

（二）网络图的绘制

绘制网络图是编制网络计划的基础。网络图可以用手工绘制，也可以用计算机操作在绘图仪上绘制。一般而言，小型工程项目可用手工绘图，大中型工程项目则应该用计算机绘图。无论是手工绘图还是计算机绘图，都应首先正确地确定构成计划的各项工作间的相互联系和制约关系——逻辑关系，在此基础上才能画出反映工程实际的网络图。

1. 双代号网络图的绘制

（1）确定逻辑关系

逻辑关系是指各项工作之间客观存在的一种先后顺序关系。这种关系有两类：一类是工艺关系，另一类是组织关系。工艺关系是由施工工艺所确定的各工作之间的先后顺序关系，它受客观规律的支配，一般是不能人为更改的，它与工程的特点、建筑物的结构形式、施工方法有关。例如钢筋混凝土工程，按其工艺必须先架立模板，其次是放置钢筋骨架，最后浇筑混凝土。这一先后顺序是由钢筋混凝土施工工艺所确定的。组织关系是由于资源的限制、组织与安排的需要、自然条件的影响、领导者的意图等而形成的工作间的先后顺序关系，这种关系不是由工程本身所决定的，而是人为的。不同的组织方式会形成不同的组织关系，这种关系不但可以调整而且可以优化。例如采用分段流水作业施工就是反映施工的组织关系。所以，在绘制网络图时，应根据施工工艺和施工组织的要求，正确地反映各工作之间的这种逻辑关系。

确定逻辑关系是对每一项工作逐一地确定与其相关工作的联系。这种联系是二元的，即指两两工作间的联系。这种联系表现为该项工作与其紧前工作的关系，或该项工作与其紧后工作的关系，或该项工作与其并行工作的关系。对某一项工作来说，确定其逻辑关系应考虑以下三种情况：①该工作必须在哪些工作完成之后才能开始，即哪些工作在其之前。②该工作必须在哪些工作开始之前完成，即哪些工作紧其后。③该工作可以与哪些工作同时进行，即哪些工作是与其并行。

（2）虚箭线的使用

在双代号网络图中，为了正确反映工作间的逻辑关系，有时需要引入虚箭线或称虚工作，使相关的工作联系起来，使不相关的工作不发生联系。虚箭线不具有任何实际工作的意义，并且不消耗任何时间和资源量，它只反映工作间的逻辑连接。在双代号网络图中，使用虚箭线是为了正确地表达工作之间的逻辑连接，但是虚箭线的使用将会增加绘图和计算的工作量以及编制网络计划的时间，因此，应尽可能少、恰到好处地使用虚箭线。

（3）基本绘图规则

在绘制双代号网络图时，一般应遵循以下基本规则：①网络图必须按照已定的逻辑关系绘制。由于网络图是有向、有序网状图形，所以必须严格按照工作之间的逻辑关系绘制，这也是保证工程质量和资源优化配置及合理使用所必需的。②网络图中禁止从一个节点出发，顺箭头方向又回到原出发点的循环回路。如果出现循环回路，会造成逻辑关系混乱，使工作无法按顺序进行。③网络图中的箭线（包括虚箭线，以下同）应保持自左向右的方向，不应该出现箭头指向左方的水平箭线和箭头偏向左方的斜向箭线。若遵循该规则绘制网络图，不会出现循环回路。④网络图中严禁出现双向箭头和无箭头的连线。⑤网络图中严禁出现没有箭尾节点的箭线和没有箭头节点的箭线。⑥禁止在箭线上引入或引出箭线。但当网络图的起点节点有多条箭线引出（外向箭线）或终点节点有多余箭线引入（内向箭线）时，为使图形简洁，可用母线法绘图，即将多项箭线经一条共用的垂直线段从起点节点引出，或将多条箭线经一条共用的垂直线段引入终点节点。对于特殊线型的箭线，如粗箭线、双箭线、虚箭线、彩色箭线等，可在从母线上引出的支线上标出。⑦应尽量避免网络图中工作箭线的交叉。当交叉不可避免时，可以采用过桥法或指向法处理。⑧网络图中应只有一个起点节点和一个终点节点（任务中部分工作需要分期完成的网络计划除外）。除网络图的起点节点和终点节点外，不允许出现没有外向箭线的节点和没有内向箭线的节点。

（4）绘制网络图

一般利用计算机进行网络分析，人们仅需将工程活动的逻辑关系输入计算机。计算机可以自动绘制网络图，并进行网络分析。但有些小的项目或一些自网络仍需要人工绘制和分析。在双代号网络的绘制过程中有效且灵活地使用虚箭线是十分重要的。双代号网络的绘制容易出现逻辑关系的错误，防止错误的关键是正确使用虚箭线。一般先按照某个活动的紧前活动关系多加虚箭线，以防止出错。待将所有的活动画完后再进行图形整理，可将多余的删除。在绘制网络图时，要始终记住绘图规则。当遇到工作关系比较复杂时，要尝试进行调整，如箭线的相互位置，增加虚箭线等，最重要的是满足逻辑关系。当网络图初步绘成后，要在满足逻辑关系的前提下，对网络图进行调整。要熟练绘制双代号网络图，必须多加练习。

2. 单代号网络图的绘制

单代号网络图各工作间的逻辑关系，依然是根据工程项目施工的工艺关系和组织关系的先后顺序来确定。逻辑关系的确定方法与双代号网络图相同。绘制单代号网络图的基本规则与绘制双代号网络图，有两点不同：一是单代号网络图没有虚箭线；二是在绘制单代号网络图时，若在开始和结束的一些（两个或两个以上的工作）没有必要的逻辑关系时，必须在开始和结束处增加一个虚拟的起始节点和一个虚拟的结束节点，以表示网络图的开始和结束，以便时间参数的推算。

单代号网络图以节点表示工作。各项工作按逻辑关系的顺序以节点表示后，用箭线连接起来，即是单代号网络图。其编号采用数字连续向前的编号方法，并遵循 $i<j$ 的规定，i 和 j 分别表示箭尾、箭头两项工作，单代号网络图绘制比较简单且不容易出现错误。

三、网络计划的时间参数

所谓的时间参数，是指网络计划、工作及节点所具有的各种时间值。

（一）工作持续时间和工期

1. 工作持续时间

工作持续时间是指一项工作从开始到完成的时间。在双代号网络计划中，工作 i-j 持

续时间用 D_{i-j} 表示，在单代号网络图计划中，工作 i 的持续时间用 D_i 表示。在网络计划中，各项工作的持续时间是计算网络计划时间参数的基础，所以应首先确定各项工作的持续时间。对于一般肯定型网络计划，工作持续时间的确定方法有：参照以往时间经验估算、经过试验估算、通过定额进行计算。

2. 工期

工期泛指完成一项任务所需要的时间。在网络计划中，工期一般有以下三种：

A. 计算工期：是根据网络计划时间参数计算而得到的工期，用 T_c 表示。

B. 要求工期：是任务委托人所提出的指令性工期，用 T_r 表示。

C. 计划工期：是指根据要求工期和计算工期所确定的作为实施目标的工期，用 T_p 表示。当已规定了要求工期时，计划工期不应超过要求工期，即 $T_p \leqslant T_r$；当未规定要求工期时，可令计划工期等于计算工期，即 $T_p = T_r$。

（二）节点的时间参数

1. 节点最早时间

节点最早时间是指在双代号网络计划中，以该节点为开始节点的各项工作的最早完成时间。节点 i 的最迟时间用 ET_i 表示。

2. 节点最迟时间

节点最迟时间是指在双代号网络计划中，以该节点为开始节点的各项工作的最迟完成时间。节点 i 的最迟时间用 LT_i 表示。

（三）工作时间参数

除工作持续时间外，网络计划中工作的 6 个时间参数是：最早开始时间、最早完成时间、最迟完成时间、最迟开始时间、总时差和自由时差。

1. 最早开始时间和最早完成时间

工作的最早开始时间是指在其所有紧前工作全部完成后，本工作有可能开始的最早时刻。工作的最早完成时间是指在其所有紧前工作全部完成后，本工作有可能完成的最早时刻。工作的最早完成时间等于本工作的最早开始时间与其持续时间之和。

在双代号网络计划中，工作 i-j 的最早开始时间和最早完成时间分别用 ES_{i-j} 和 EF_i 表示。

2. 最迟完成时间和最迟开始时间

工作的最迟完成时间是指在不影响整个任务按期完成的前提下，本工作必须完成的最迟时刻。工作的最迟开始时间是指在不影响整个任务按期完成的前提下，本工作必须开始的最迟时刻。工作的最迟开始时间等于本工作的最迟完成时间与其持续时间之差。

在双代号网络计划中，工作 i-j 的最迟完成时间和最迟开始时间分别用 LFi-j 和 LSi-j 表示；在单代号网络计划中，工作的最迟完成时间和最迟开始时间分别用 LFi 和 LSi 表示。

3. 总时差和自由时差

工作的总时差指在不影响总工期的前提下，本工作可以利用的机动时间。

工作的自由时差是指在不影响其今后工作最早开始时间的前提下，本工作可以利用的机动时间。

在双代号网络计划中，工作 i-j 的总时差和自由时差分别用 TFi-j 和 FFi-j 表示；在单代号网络计划中，工作 i 的总时差和自由时差分别用 TFi 和 FFr 表示。

（四）相邻两项工作之间的时间间隔

相邻两项工作之间的时间间隔是指本工作的最早完成时间与其紧后工作最早开始时间之间可能存在的差值。工作 i 与工作 j 之间的时间间隔用 LAGi，j 表示。

四、双代号时标网络计划

（一）基本概念

双代号时标网络计划，简称为时标网络计划，必须以水平时间坐标为尺度表示工作时间，时标的时间单位应根据需要在编制网络计划之前确定，可以是小时、天、周、月或季度等。在时标网络计划中，以实箭线表示工作，实箭线的水平投影长度表示该工作的持续时间；以虚箭线表示虚工作，由于虚工作的持续时间为零，故虚箭线只能垂直画；以波形线表示工作与其紧后工作的时间间隔（以终点节点为完成节点的工作除外，当计划工期等于计算工期时，这些工作箭线中波形线的水平投影长度表示其自由时差）。

时标网络计划既具有网络计划的优点，又具有横道图计划直观易懂的优点，它将网络计划的时间参数直观地表达出来。

（二）时标网络计划的绘图方法

时标网络计划有两种绘图方法：先算后绘（间接绘制法）、直接绘制法。下面以间接绘制法介绍时标网络计划的绘制步骤。

时标计划一般作为网络计划的输出计划，可以根据时间按参数的计算结果将网络计划在时间坐标中表达出来，根据时间参数的不同，分为早时标网络和迟时标网络。因早时标用得比较多，这里只介绍早时标网络的绘制方法。

1. 先绘制无时标网络图，采用图上计算法计算每项工作或路径的时间按参数及计算工期，找出关键工作及关键线路。

2. 按计算工期的要求绘制时标网络计划。

3. 基本按原计划的布局将关键线路上的节点及关键工作标注在时标网络计划上。

4. 将其他各节点按节点的最早开始时间定位在时标网络计划上。

5. 从开始节点开始，用实箭线并按持续时间要求绘制各项非关键工作，用虚箭线绘制无时差的虚工作（垂直工作）。如果实箭线或垂直的虚箭线不能将非关键工作或虚工作的开始节点与结束节点衔接起来，对非关键工作用波形线在实箭线后进行衔接，对虚工作用波形线在垂直虚箭线后或两垂直虚箭线之间进行衔接。关键工作的波形线的长度即其自由时差。

五、单代号搭接网络计划

（一）基本概念

在上述双代号、单代号网络图中，工作之间的逻辑关系都是一种衔接关系，即只有当其紧前工作全部完成之后，本工作才能开始。但在工程建设实践中，有许多工作的开始并不以其紧前工作的完成为条件。只要其紧前工作开始一段时间后，即可进行本工作，而不需要等其紧前工作全部完成之后再开始。工作之间的这种关系被称之搭接关系。

如果用上述简单的网络图来表示工作之间的搭接关系，将使网络计划变得更加复杂。为了简单、直接地表达工作之间的搭接关系，使网络计划的编制得到简化，便出现了搭接网络计划。搭接网络计划一般都采用单代号网络图的表示方法，即以节点表示工作，以节点之间的箭线表示工作之间的逻辑顺序和搭接关系。

（二）搭接关系

在搭接网络计划中，工作之间的搭接关系是由相邻两项工作之间的不同时距决定的。所谓时距，是在搭接网络计划中相邻两项工作之间的时间差值。单代号搭接网络图的搭接关系主要有以下五种形式：

1. FTS

即结束—开始（Finish To Start）关系，例如在修堤坝时，一定要等土堤自然沉降后才能修护坡，筑土堤与修护坡之间地时间就是 FTS 时距。

当 FTS 时距为零时，就说明本工作与其紧后工作之间紧密衔接。当网络计划中所有相邻工作只有 FTS 一种搭接关系且时距为零时，整个搭接网络计划就称为前述的单代号网络计划。

2. STS

即开始—开始（Start To Start）关系。例如在道路工程中，当路基铺设工作开始一段时间为路面浇筑工程创造一定条件之后，路面浇筑工作即可开始，路基铺设工作与路面浇筑工作在开始时间上的差值就是 STS 时距。

3. FTF

即结束—结束（Finish To Finish）关系。例如在前述道路工程中，如果路基铺设工作的进展速度小于路面浇筑工程的进展速度时，须考虑为路面浇筑工程留有充分的工作面；否则，路面浇筑工作将因没有工作面而无法进行。即铺设工作与路面浇筑工作在完成时间上的差值就是 FTF 时距。

4. STF

即开始—结束（Start To Finish）关系。

5. 混合时距

例如两项工作之间 STS 与 FTF 同时存在。

（三）单代号搭接网络计划时间参数计算

单代号搭接网络计划时间参数计算同样包括：最早时间的计算、最迟时间的计算和时差的计算。计算单点与双代号网络计划时间参数的计算类似。但是由于各工作之间搭接关系的缘故，单代号搭接网络计划时间参数的计算要复杂一些。

第三节　PERT 网络计划技术

一、PERT 网络计划技术基本概念

前述的 CPM（关键线路法）网络计划是对网络计划中各项工作的持续时间可以由一个肯定的时间确定，在此基础上计算的网络计划的技术工期也是一个肯定值，所以 CPM 网络计划是肯定型网络计划。鉴于有些工程项目的工作持续时间不能或很难以一个肯定的时间确定，而是以一个具有某种概率分布的持续时间来描述。例如，承担一项新开发的项目，或者承包一项过去没有做过的工程，缺少或不具备完成这个项目的充分资料和经验，

就不可能确定对这个项目各项工作的肯定的持续时间。因此，就出现了 PERT（计划评审技术）网络计划。

PERT 即计划评审技术，是利用网络分析制订计划以及对计划予以评价的技术。它能协调整个计划的各道工序，合理安排人力、物力、时间、资金，加速计划的完成。在现代计划的编制和分析手段上，PERT 被广泛地使用，是现代化管理的重要手段和方法。

PERT 网络是一种类似流程图的箭线图。它描绘出项目包含的各种活动的先后次序，标明每项活动的时间或相关的成本。对于 PERT 网络，项目管理者必须考虑要做哪些工作，确定时间之间的依赖关系，辨认出潜在的可能出问题的环节，借助 PERT 还可以方便地比较不同行动方案在进度和成本方面的效果。

构造 PERT 图，需要明确三个概念：事件、活动和关键路线。

1. 事件（Events）表示主要活动结束的那一点。

2. 活动（Activities）表示从一个事件到另一个事件之间的过程。

3. 关键路线（Critical Path）是 PERT 网络中花费时间最长的事件和活动的序列。

二、PERT 的基本要求

1. 完成既定计划所需要的各项任务必须全部以足够清楚的形式表现在由事件与活动构成的网络中。事件代表特定计划在特定时刻完成的进度。活动表示从一个事件进展到下一个事件所必需的时间和资源。应当注意的是，事件和活动的规定必须足够精确，以免在监视计划实施进度时发生困难。

2. 事件和活动在网络中必须按照一组逻辑法则排序，以便把重要的关键路线确定出来。这些法则包括后面的事件在其前面的事件全部完成之前不能认为已经完成，不允许出现"循环"，就是说，后继事件不可有导回前一事件的活动联系。

3. 网络中每项活动可以有三个估计时间。就是说，由最熟悉有关活动的人员估算出完成每项任务所需要的最乐观的、最可能的和最悲观的三个时间。用这三个时间估算值来反映活动的"不确定性"，在研制计划中和非重复性的计划中引用三个时间估算是鉴于许多任务所具有的随机性质。但是应当指出的是，为了关键路线的计算和报告，这三种时间估算应当简化为一个期望值和一个统计方差 $\sigma2$，否则就要用单一时间估算法。

4. 需要计算关键路线和宽裕时间。关键路线是网络中期望时间最长的活动与事件序列。宽裕时间是完成任一特定路线所要求的总的期望时间与关键路线所要求的总的期望时间之差。这样，对于任一事件来说，宽裕时间就能反映存在于整个网络计划中的多余时间的长短。

三、PERT 网络分析法的工作步骤

开发一个 PERT 网络要求管理者确定完成项目所需的所有关键活动，按照活动之间的依赖关系排列它们之间的先后次序，以及估计完成每项活动的时间。这些工作可以归纳为五个步骤。

1. 确定完成项目必须进行的每一项有意义的活动，完成每项活动都产生事件或结果。

2. 确定活动完成的先后次序。

3. 绘制活动流程从起点到终点的图形，明确表示出每项活动及与其他活动的关系，用圆圈表示事件，用箭线表示活动，结果得到一幅箭线流程图，我们称之为 PERT 网络。

4. 估计和计算每项活动的完成时间。

5. 借助包含活动时间估计的网络图，管理者能够制订出包括每项活动开始和结束日期的全部项目的日程计划。在关键路线上没有松弛时间，沿关键路线的任何延迟都直接延迟整个项目的完成期限。

四、PERT 网络技术的作用

1. 标示出项目的关键路径，以明确项目活动的重点，便于优化对项目活动的资源分配。

2. 当管理者想计划缩短项目完成时间，节省成本时，就要把考虑的重点放在关键路径上。

3. 在资源分配发生矛盾时，可适当调动非关键路径上活动的资源去支持关键路径上的活动，以最有效地保证项目的完成进度。

4. 采用 PERT 网络分析法所获结果的质量很大程度上取决于事先对活动事件的预测，若能对各项活动的先后次序和完成时间都能有较为准确的预测，则通过 PERT 网络的分析法可大大缩短项目完成的时间。

五、PERT 网络分析法的优点和局限性

（一）时间网络分析法的优点

1. 是一种有效的事前控制方法。

2. 通过对时间网络分析可以使各级主管人员熟悉整个工作过程并明确自己负责的项目在整个工作过程中的位置和作用，增强全局观念和对计划的接受程度。

3. 通过时间网络分析使主管人员更加明确其工作重点，将注意力集中在可能需要采

取纠正措施的关键问题上，使控制工作更加富有成效。

4. 是一种计划优化方法。

（二）时间网络分析法的局限性

时间网络分析法并不适用于所有的计划和控制项目，其应用领域具有较严格的限制。适用 PERT 法的项目必须同时具备以下条件：事前能够对项目的工作过程进行较准确的描述；整个工作过程有条件划分为相对独立的各个活动；能够在事前较准确地估计各个活动所需时间、资源。

第四节　进度偏差分析及调整方法

一、施工项目进度比较方法

施工项目进度比较分析与计划调整是施工项目进度控制的主要环节。其中施工项目进度比较是调整的基础。常用的比较方法有以下几种：

（一）横道图比较法

用横道图编制施工进度计划，指导施工的实施已是人们常用的、很熟悉的方法。

它简明形象、直观，编制方法简单，使用方便。

横道图记录比较法，是把在项目施工中检查实际进度收集的信息，经整理后直接用横道线与原计划的横道线并列标示，进行直观比较的方法。

通过记录与比较，为进度控制者提供了实际施工进度与计划进度之间的偏差，为采取调整措施提供了明确的任务。这是人们施工中进行施工项目进度控制经常用的一种最简单、熟悉的方法。但是它仅适用于施工中的各项工作都是按均匀的速度进行，即是每项工作在单位时间里完成的任务量都是各自相等的。

完成任务量可以用实物工程量、劳动消耗量和工作量三种物理量表示，为了比较方便，一般用它们实际完成量的累计百分比与计划的应完成量的累计百分比进行比较。

值得指出：由于工作的施工速度是变化的，因此横道图中的进度横线，不管计划的还是实际的，都只表示工作的开始时间、持续天数和完成的时间，并不表示计划完成量和实际完成量，这两个量分别通过标注在横道线上方及下方的累计百分比数量表示。实际进度的涂黑粗线是从实际工程的开始日期画起，若工作实际施工间断，亦可在图中将涂黑粗线作相应的空白。横道图记录比较法具有以下优点：记录比较方法简单，形象直观，容易掌握，应用方便，被广泛地采用于简单地进度监测工作。但是，由于它以横道图进度计划为基础，因此，带有其不可克服的局限性，如各工作之间的逻辑关系不明显，关键工作和关键线路无法确定，一旦某些工作进度产生偏差时，难以预测其对后续工作和整个工期的影响及确定调整方法。

项目施工中各项工作的速度不一定相同，进度控制要求和提供的进度信息也不同，可以采用以下几种方法：

1. 匀速施工横道图比较法

匀速施工是指施工项目中，每项工作的施工进展速度都是匀速的，即在单位时间内完成的任务量都是相等的，累计完成的任务量与时间成直线变化。

比较方法的步骤为：①编制横道图进度计划。②在进度计划上标出检查日期。③将检查收集的实际进度数据，按比例用涂黑的粗线标于计划进度线的下方。④比较分析实际进度与计划进度：a. 涂黑的粗线右端与检查日期相重合，表明实际进度与施工计划进度相一致；b. 涂黑的粗线右端在检查日期左侧，表明实际进度拖后；c. 涂黑的粗线右端在检查日期的右侧，表明实际进度超前。

必须指出：该方法只适用于工作从开始到完成的整个过程中，其施工速度是不变的，累计完成的任务量与时间成正比。若工作的施工速度是变化的，则这种方法不能进行工作的实际进度与计划进度之间的比较。

2. 双比例单侧横道图比较法

匀速施工横道图比较法，只适用于施工进展速度是不变的情况下的施工实际进度与计划进度之间的比较。当工作在不同的单位时间里的进展速度不同时，累计完成的任务量与时间的关系不是呈直线变化的。按匀速施工横道图比较法绘制的实际进度涂黑粗线，不能反映实际进度与计划进度完成任务量的比较情况。这种情况的进度比较可以采用双比例单侧横道图比较法。

比较方法的步骤：①编制横道图进度计划。②在横道线上方标出准备工作主要时间的计划完成任务累计百分比。③在计划横道线的下方标出工作的相应日期实际完成的任务累计百分比。④用涂黑粗线标出实际进度线，并从开工目标起，同时反映出施工过程中工作的连续与间断情况。⑤对照横道线上方计划完成累计量与同时间的下方实际完成累计量，比较出实际进度与计划进度。a. 当同一时刻上下两个累计百分比相等，表明实际进度与计划进度一致；b. 当同一时刻上面的累计百分比大于下面的累计百分比表明该时刻实际施工进度拖后，拖后的量为二者之差；c. 当同一时刻上面的累计百分比小于下面累计百分比表明该时刻实际施工进度超前，超前的量为二者之差。

这种比较法不仅适合于施工速度是变化情况下的进度比较，同时除找出检查日期进度比较情况外还能提供某一指定时间二者比较情况的信息。当然要求实施部门按规定的时间记录当时的完成情况。

3. 双比例双侧横道图比较法

双比例双侧横道图比较法，也是适用于工作进度按变速进展的情况，工作实际进度与计划进度进行比较的一种方法。它是双比例单侧横道图比较法的改进和发展，它是将表示工作实际进度的涂黑粗线，按着检查的期间和完成的累计百分比交替地绘制在计划横道线上下两面，其长度表示该时间内完成的任务量。工作的实际完成累计百分比标于横道线下面的检查日期处，通过两个上下相对的百分比相比较，判断该工作的实际进度与计划进度之间的关系。这种比较方法从各阶段的涂黑粗线的长度看出各期间实际完成的任务量及本期间的实际进度与计划进度之间的关系。

综上所述，横道图记录比较法具有以下优点：方法简单，形象直观，容易掌握，应用方便，被广泛地采用于简单的进度监测工作中。但是，由于它以横道图进度计划为基础，因此有不可克服的局限性，如各工作之间的逻辑关系不明显，关键工作和关键线路无法确定，一旦某些工作进度产生偏差时，难以预测其对后续工作和整个工期的影响及确定调整方法。

（二）S 形曲线比较法

S 形曲线比较法与横道图比较法不同，它不是在编制的横道图进度计划上进行实际进度与计划进度比较。它以横坐标表示进度时间，纵坐标表示累计完成任务量，绘制出一条按计划时间累计完成任务量的 S 形曲线，是将施工项目的各检查时间实际完成的任务量与 S 形曲线进行实际进度与计划进度相比较的一种方法。

对整个施工项目的施工全过程而言，一般是开始和结尾阶段的单位时间投入的资源量较少，中间阶段单位时间投入的资源量较多，与其相关的单位时间完成的任务量也是呈同样变化的，而随时间进展累计完成的任务量，则应该呈 S 形变化。

1. S 形曲线绘制

S 形曲线的绘制步骤如下：

（1）确定工程进展速度曲线在实际工程中计划进度曲线，很难找到定性分析的连续曲线，但可以根据每单位时间内完成的实物工程量或投入的劳动力与费用，计算出计划单位时间的量值，则仍为离散型的。

（2）计算规定时间 j 计划累计完成的任务量，其计算方法等于各单位时间完成的任务量累加求和。某时间 j 计划累计完成的任务量，单位时间 j 的计划完成的任务量，某规定计划时刻。

（3）按各规定时间的 Q_j 值，绘制 S 形曲线。

2. S 形曲线比较

S 形曲线比较法，同横道图一样，是在图上直观地进行施工项目实际进度与计划进度比较。一般情况下，计划进度控制人员在计划实施前绘制出 S 形曲线。在项目施工过程中，按规定时间将检查的实际完成情况与计划 S 形曲线绘制在同一张图上，可得出实际进度 S 形>曲线，比较两条 S 形曲线可以得到如下信息：

（1）项目实际进度与计划进度比较：当实际工程进展点落在计划 S 形曲线左侧则表示此时实际进度比计划进度超前；若落在其右侧，则表示拖后；若刚好落在其上，则表示二者一致。

（2）项目实际进度比计划进度超前或拖后的时间：$\triangle Ta$ 表示 Ta 时刻实际进度超前的时间；$\triangle Tb$ 表示 Tb 时刻实际进度拖后的时间。

（3）项目实际进度比计划进度超额或拖欠的任务量：$\triangle Qa$ 表示 Qa 时刻，超额完成的任务量；$\triangle Qb$ 表示在 Tb 时刻，拖欠的任务量。

（4）预测工程进度：后期工程按原计划速度进行，则工期拖延预测值为 $\triangle Tc$。

（三）前锋线比较法

施工项目的进度计划用时标网络计划表达时，还可以采用实际进度前锋线进行实际进度与计划进度比较。

前锋线比较法是从计划检查时间的坐标点出发，用点画线依次连接各项工作的实际进度点，最后到计划检查时间的坐标点为止，形成前锋线。按前锋线与工作箭线交点的位置判定施工实际进度与计划进度偏差。简言之：前锋线法是通过施工项目实际进度前锋线，判定施工实际进度与计划进度偏差的方法。

（四）列表比较法

当采用无时间坐标网络计划时也可以采用列表分析法。即是记录检查时正在进行的工作名称和已进行的天数，然后列表计算有关参数，根据原有总时差和尚有总时差判断实际进度与计划进度的比较方法。

列表比较法步骤。①计算检查时正在进行的工作；②计算工作最迟完成时间；③计算工作时差；④填表分析工作实际进度与计划进度的偏差。可能有以下几种情况：a. 若工作尚有总时与原有总时相等，则说明该工作的实际进度与计划进度一致；b. 若工作尚有总时差小于原有总时差，但仍为正值，则说明该工作的实际进度比计划进度拖后，产生偏差值为二者之差，但不影响总工期；c. 若尚有总时差为负值，则说明对总工期有影响，应当调整。

二、施工项目进度计划的调整

（一）分析进度偏差的影响

通过前述的进度比较方法，当判断出现进度偏差时，应当分析该偏差对后续工作和总工期的影响。

1. 分析进度偏差的工作是否为关键工作

若出现偏差的工作为关键工作，则无论偏差大小，都对后续工作及总工期产生影响，必须采取相应的调整措施；若出现偏差的工作不是关键工作，需要根据偏差值与总时差和自由时差的大小关系，确定对后续工作和总工期的影响程度。

2. 分析进度偏差是否大于总时差

若工作的进度偏差大于该工作的总时差，说明此偏差必将影响后续工作和总工期，必须采取相应的调整措施；若工作的进度偏差小于或等于该工作的总时差，说明此偏差对总工期无影响，但它对后续工作的影响程度，需要根据比较偏差与自由时差的情况来确定。

3. 分析进度偏差是否大于自由时差

若工作的进度偏差大于该工作的自由时差，说明此偏差对后续工作产生影响，应该如何调整，应根据后续工作允许影响的程度而定；若工作的进度偏差小于或等于该工作的自由时差，则说明此偏差对后续工作无影响，因此，原进度计划可以不做调整。

经过如此分析，进度控制人员可以确认应该调整产生进度偏差的工作和调整偏差值的大小，以便确定调整措施，获得新的符合实际进度情况和计划目标的新进度计划。

（二）施工项目进度计划的调整方法

在对实施的进度计划分析的基础上，应确定调整原计划的方法，一般主要有以下两种：

1. 改变某些工作间的逻辑关系

若检查的实际施工进度产生的偏差影响了总工期，在工作之间的逻辑关系允许改变的条件下，改变关键线路和超过计划工期的非关键线路上的有关工作之间的逻辑关系，达到缩短工期的目的。用这种方法调整的效果是很显著的，例如可以把依次进行有关工作改变平行的或互相搭接的以及分成几个施工段进行流水施工的等都达到缩短工期的目的。

2. 缩短某些工作的持续时间

这种方法是不改变工作之间的逻辑关系，而是缩短某些工作的持续时间，使施工进度加快，并保证实现计划工期的方法。这些被压缩持续时间的工作是位于由于实际施工进度的拖延而引起总工期增长的关键线路和某些非关键线路上的工作。同时，这些工作又是可压缩持续时间的工作。这种方法实际上就是网络计划优化中的工期优化方法和工期与成本优化的方法。

第五节　施工总进度计划的编制

施工总进度计划编制的步骤如下。

一、列出工程项目一览表并计算工程量

施工总进度计划主要起控制总工期的作用，因此项目划分不宜过细。通常按照分期分批投产顺序和工程开展程序列出，并突出每个交工系统中的主要工程项目，一些附属项目及小型工程、临时设施可以合并列出工程项目一览表。在工程项目一览表的基础上，按工程的开展顺序，以单位工程计算主要实物工程量。此时计算工程量的目的是选择施工方案和主要的施工、运输机械；初步规划主要施工过程的流水施工；估算各项目的完成时间；计算劳动力和技术物资的需要量。因此，工程量只须粗略地计算即可。计算工程量，可按初步（或扩大初步）设计图纸并根据各种定额手册进行计算。常用的定额、资料有以下几种：

1. 1 万元、10 万元投资工程量、劳动力及材料消耗扩大指标。这种定额规定了某一种结构类型建筑，每万元或十万元投资中劳动力、主要材料等消耗数量。根据设计图纸中的结构类型，即可估算出拟建工程各分项需要的劳动力和主要材料的消耗数量。

2. 概算指标或扩大结构定额。这两种定额都是预算定额的进一步扩大。概算指标是以建筑物每 166m^3 体积为单位；扩大结构定额则以每 166m^2 建筑面积为单位。查定额时，首先查找与本建筑物结构类型、跨度、高度相类似的部分，然后查出这种建筑物按定额单位所需要的劳动力和各项主要材料消耗量，从而推算出拟计算建筑物所需要的劳动力和材料的消耗数量。

3. 标准设计或已建房屋、构筑物的资料。在缺少上述几种定额手册的情况下，可采用标准设计或已建成的类似工程实际所消耗的劳动力及材料加以类比，按比例估算。但

是，由于和拟建工程完全相同的已建工程是极为少见的，因此在采用已建工程资料时，一般都要进行折算、调整。除房屋外，还必须计算主要的全工地性工程的工程量，如场地平整、铁路及道路和地下管线的长度等，这些可以根据建筑总平面图来计算。将按上述方法计算出的工程量填入统一的工程量汇总表中。

二、确定各单位工程的施工期限

建筑物的施工期限，由于各施工单位的施工技术与管理水平、机械化程度、劳动力和材料供应情况等不同，而有很大差别。因此应根据各施工单位的具体条件，并考虑施工项目的建筑结构类型、体积大小和现场地形工程与水文地质、施工条件等因素加以确定。此外，也可参考有关的工期定额来确定各单位工程的施工期限。工期定额（或指标）是根据我国各部门多年来的施工经验，经统计分析对比后制定的。

三、确定各单位工程的开竣工时间和相互搭接关系

在施工部署中已经确定了总的施工期限、施工程序和各系统的控制期限及搭接时间，但对每一个单位工程的开竣工时间尚未具体确定。通过对各主要建筑物或构筑物的工期进行分析，确定了每个建筑物或构筑物的施工期限后，就可以进一步安排各建筑物或构筑物的搭接施工时间。通常应考虑以下各主要因素：

（一）保证重点，兼顾一般

在安排进度时，要分清主次，抓住重点，同时期进行的项目不宜过多，以免分散有限的人力物力。主要工程项目指工程量大、工期长、质量要求高、施工难度大，对其他工程施工影响大、对整个建设项目的顺利完成起关键性作用的工程子项目。这些项目在各系统的控制期限内应优先安排。

（二）满足连续、均衡施工要求

在安排施工进度时，应尽量使各工种施工人员、施工机械在全工地内连续施工，同时尽量使劳动力、施工机具和物资消耗量在全工地上达到均衡，避免出现突出的高峰和低谷，以利于劳动力的调度、原材料供应和临时设施的充分利用。为满足这种要求，应考虑在工程项目之间组织大流水施工，即在相同结构特征的建筑物或主要工种工程之间组织流水施工，从而实现人力、材料和施工机械的综合平衡。另外，为实现连续均衡施工，还要留出一些后备项目，如宿舍、附属或辅助车间、临时设施等，作为调节项目，穿插在主要项目的流水中。

（三）满足生产工艺要求

工业企业的生产工艺系统是串联各个建筑物的主动脉。要根据工艺所确定的分期分批建设方案，合理安排各个建筑物的施工顺序，使土建施工、设备安装和试生产实现"一条龙"，以缩短建设周期，尽快发挥投资效益。

（四）认真考虑施工总进度计划对施工总平面空间布置的影响

工业企业建设项目的建筑总平面设计，应在满足有关规范要求的前提下，使各建筑物的布置尽量紧凑，这可以节省占地面积，缩短场内各种道路、管线的长度，但同时由于建筑物密集，也会导致施工场地狭小，使场内运输、材料构件堆放、设备组装和施工机械布置等产生困难。为减少这方面的困难，除采取一定的技术措施外，对相邻各建筑物的开工时间和施工顺序予以调整，以避免或减少相互影响也是重要措施之一。

（五）全面考虑各种条件限制

在确定各建筑物施工顺序时，还应考虑各种客观条件的限制。如施工企业的施工力量，各种原材料、机械设备的供应情况，设计单位提供图纸的时间、各年度建设投资数量等，对各项建筑物的开工时间和先后顺序予以调整。同时，由于建筑施工受季节、环境影响较大，因此，经常会对某些项目的施工时间提出具体要求，从而对施工的时间和顺序安排产生影响。

四、安排施工进度

施工总进度计划可以用横道图表达，也可以用网络图表达。由于施工总进度计划只是起控制性作用，因此不必搞得过细。当用横道图表达总进度计划时，项目的排列可按施工总体方案所确定的工程展开程序排列。横道图上应表达出各施工项目的开竣工时间及其施工持续时间。

例如某城市供热厂施工总进度计划横道图。其中各主要单位工程控制性进度如下：

（1）主厂房南锅炉房及汽机间6月开工，同年11月吊装主体结构，次年6月至第三年6月进行设备安装，第三年6月设备安装结束，7~16月地面和装修工程以及调试设备。

（2）输煤、出灰、出渣系统于7月开工，第二年5月主体完成，进行设备安装，第三年6月再进行土建安装墙板，施工地面和装修工程。

（3）主控楼于第二年4月开工，年底进行设备安装和工艺管线施工，第三年3月再交回土建公司收尾。

（4）水处理楼第二年 3 月底开工，第三年底交付设备安装，同年 5 月进入土建收尾。

（5）烟道、刮风机室、除尘器等于第二年 9 月开工，第三年 4 月末交付设备安装等。

（6）厂区外管线、电缆沟、暖气沟等于第三年 3 月末交付安装公司。

近年来，随着网络计划技术的推广和普及，采用网络图表达施工总进度计划，已经在实践中得到广泛应用。用时间坐标网络图表达总进度计划，比横道图更加直观、明了，还可以表达出各项目之间的逻辑关系。同时，由于可以应用电子计算机计算和输出，更便于对进度计划进行调整、优化，统计资源数量，甚至输出图表等。

如某电厂一号机组施工网络计划在计算机上用 CPERT 工程项目管理软件计算并输出，网络计划按主要系统排列，关键工作、关键线路、逻辑关系、持续时间和时差等信息一目了然。

五、总进度计划的调整与修正

施工总进度计划表绘制完后，将同一时期各项工程的工作量加在一起，用一定的比例画在施工总进度计划的底部，即可得出建设项目资源需要量动态曲线。若曲线上存在较大的高峰或低谷，则表明在该时间里各种资源的需求量变化较大，需要调整一些单位工程的施工速度或开竣工时间，以便消除高峰或低谷，使各个时期的资源需求量尽量达到均衡。

各单位在实施过程中，工程施工进度应随着施工的进展及时做必要的调整；对于跨年度的建设项目，还应根据年度国家基本建设投资或业主投资情况，对施工进度计划予以调整。

第六节　PDCA 进度计划的实施与检查

一、施工项目进度计划

施工项目进度计划的实施就是施工活动的进展，也就是用施工进度计划指导施工的活动、落实和完成。施工项目进度计划逐步实施的进程就是施工项目建造的逐步完成过程。为了保证施工项目进度计划的实施，并且尽量按编制的计划时间逐步进行，保证各进度目标的实现，应做好如下工作：

（一）施工项目进度计划的贯彻

1. 检查各层次的计划，形成严密的计划保证系统

施工项目的所有施工进度计划：施工总进度计划、单位工程施工进度计划、分部分项工程施工进度计划，都是围绕一个总任务而编制的。它们之间的关系是高层次的计划为低层次计划的依据，低层次计划是高层次计划的具体化。在其贯彻执行时应当首先检查是否协调一致，计划目标是否层层分解，互相衔接，组成一个计划实施的保证体系，以施工任务书的方式下达施工队以保证实施。

2. 层层签订承包合同或下达施工任务书

施工项目经理、施工队和作业班组之间分别签订承包合同，按计划目标明确规定合同工期、相互承担的经济责任、权限和利益，或者采用下达施工任务书，将作业下达到施工班组，明确具体施工任务、技术措施、质量要求等内容，使施工班组必须保证按作业计划时间完成规定的任务。

3. 计划全面交底，发动群众实施计划

施工进度计划的实施是全体工作人员共同的行动，要使有关人员都明确各项计划的目标、任务、实施方案和措施，使管理层和作业层协调一致，必须将计划变成群众的自觉行动，充分发动群众，发挥群众的干劲和创造精神。

（二）施工项目进度计划的实施

1. 编制月（旬）作业计划。为了实施施工进度计划，将规定的任务结合现场施工条件，如施工场地的情况、劳动力机械等资源条件和施工的实际进度，在施工开始前和过程中不断地编制本月（旬）的作业计划，这使施工计划更具体、切合实际和可行。在月（旬）计划中要明确：本月（旬）应完成的任务，所需要的各种资源量，提高劳动生产率和降低生产成本。

2. 签发施工任务书。编制好月（旬）作业计划以后，将每项具体任务通过签发施工任务书的方式使其进一步落实。施工任务书是向班组下达任务，实行责任承包、全面管理和原始记录的综合性文件。施工班组必须保证指令任务的完成。它是计划和实施的纽带。

3. 做好施工进度记录，填好施工进度统计表，在计划任务完成的过程中，各级施工进度计划的执行者都要跟踪做好施工记录，记载计划中每项工作的开始日期、工作进度和完成日期。为施工项目进度检查分析提供信息，因此要求实事求是记载，并填好有关图表。

4. 做好施工中的调度工作。施工中的调度是组织施工中各阶段、环节、专业和工种

的互相配合，进度协调的指挥核心。调度工作是使施工进度计划顺利实施的重要手段。其主要任务是掌握计划实施情况，协调各方面关系，采取措施，排除各种矛盾，加强各薄弱环节，实现动态平衡，保证完成作业计划和实现进度目标。

二、施工项目进度计划的检查

在施工项目的实施进程中，为了进行进度控制，进度控制人员应经常地、定期地跟踪检查施工实际进度情况，主要是收集施工项目进度材料，进行统计整理和对比分析，确定实际进度与计划进度之间的关系。其主要工作包括：

（一）跟踪检查施工实际进度

跟踪检查施工实际进度是项目施工进度控制的关键措施。其目的是收集实际施工进度的有关数据。跟踪检查的时间和收集数据的质量，直接影响控制工作的质量和效果。一般检查的时间间隔与施工项目的类型、规模、施工条件和对进度执行要求程度有关。通常可以确定每月、半月、旬或周进行一次。若在施工中遇到天气、资源供应等不利因素的严重影响，检查的时间间隔可临时缩短，次数应频繁，甚至可以每日进行检查，或派人员驻现场督阵。检查和收集资料的方式一般采用进度报表方式或定期召开进度工作汇报会。为了保证汇报资料的准确性，进度控制的工作人员要经常到现场察看施工项目的实际进度情况，从而保证经常地、定期准确掌握施工项目的实际进度。

（二）整理统计检查数据

收集到的施工项目实际进度数据要进行必要的整理，按计划控制的工作项目进行统计，以相同的量纲和形象进度，形成与计划进度具有可比性的数据。一般可以按实物工程量、工作量和劳动消耗量以及累计百分比整理和统计实际检查的数据，以便与相应的计划完成量相对比。

（三）对比实际进度与计划进度

将收集的资料整理和统计成具有与计划进度可比性的数据后，用施工项目实际进度与计划进度的比较方法进行比较。通过比较得出实际进度与计划进度相一致、超前、拖后三种情况。

（四）施工项目进度检查结果的处理

施工项目进度检查的结果，按照检查报告制度的规定形成进度控制报告，向有关主管人员和部门汇报。进度控制报告是把检查比较的结果、有关施工进度现状和发展趋势提供给项目经理及各级业务职能负责人的最简单的书面形式报告。进度控制报告是根据报告的对象不同，确定不同的编制范围和内容而分别编写的。一般分为项目概要级进度控制报告、项目管理级进度控制报告和业务管理级进度控制报告。

项目概要级的进度报告是报给项目经理、企业经理或业务部门以及建设单位或业主的。它是以整个施工项目为对象说明进度计划执行情况的报告。项目管理级的进度报告是报给项目经理及企业的业务部门的。它是以单位工程或项目分区为对象说明进度计划执行情况的报告。业务管理级的进度报告是就某个重点部位或重点问题为对象编写的报告，供项目管理者及各业务部门为其采取应急措施而使用的。

进度报告由计划负责人或进度管理人员与其他项目管理人员协作编写。报告时间一般与进度检查时间相协调，也可按月、旬、周编写上报。进度控制报告的内容主要包括：项目实施概况、管理概况、进度概要；项目施工进度、形象进度及简要说明；施工图纸提供进度；材料、物资、构配件供应进度；劳务记录及预测；日历计划；对建设单位、业主和施工者的变更指令等。

第五章 水利工程建设质量管理

第一节 水利工程质量与质量控制体系

一、概念

建设工程质量简称工程质量。工程质量是指工程满足业主需要的，符合国家法律、法规、技术规范标准、设计文件及合同规定的特性综合。

建设工程作为一种特殊的产品，除具有一般产品共有的质量特性，如性能、寿命、可靠性、安全性、经济性等满足社会需要的使用价值及其属性外，还具有特定的内涵。

建设工程质量的特性主要表现在以下六个方面。

（一）适用性

适用性即功能，是指工程满足使用目的的各种性能。包括：理化性能，如：尺寸、规格、保温、隔热、隔音等物理性能，耐酸、耐碱、耐腐蚀、防火、防风化、防尘等化学性能；结构性能，指地基基础牢固程度，结构的足够强度、刚度和稳定性；使用性能，如民用住宅工程要能使居住者安居，工业厂房要能满足生产活动需要，道路、桥梁、铁路、航道要能通达便捷等。建设工程的组成部件、配件、水、暖、电、卫器具、设备也要能满足其使用功能；外观性能，指建筑物的造型、布置、室内装饰效果、色彩等美观大方、协调等。

（二）耐久性

耐久性即寿命，是指工程在规定的条件下，满足规定功能要求使用的年限，也就是工程竣工后的合理使用寿命周期。由于建筑物本身结构类型不同、质量要求不同、施工方法不同、使用性能不同的个性特点，如民用建筑主体结构耐用年限分为四级（15~30年，30~50年，50~100年，100年以上），公路工程设计年限一般按等级控制在10~20年，城市道路工程设计年限，视不同道路构成和所用的材料，设计的使用年限也有所不同。

（三）安全性

安全性是指工程建成后在使用过程中保证结构安全、保证人身和环境免受危害的程度。建设工程产品的结构安全度、抗震、耐火及防火能力，人民防空的抗辐射、抗核污染、抗爆炸波等能力，是否能达到特定的要求，都是安全性的重要标志。工程交付使用之后，必须保证人身财产、工程整体都有能免遭工程结构破坏及外来危害的伤害。工程组成部件，如阳台栏杆、楼梯扶手、电器产品漏电保护、电梯及各类设备等，也要保证使用者的安全。

（四）可靠性

可靠性是指工程在规定的时间和规定的条件下完成规定功能的能力。工程不仅要求在交工验收时要达到规定的指标，而且在一定的使用时期内要保持应有的正常功能。如工程上的防洪与抗震能力，防水隔热、恒温恒湿措施，工业生产用的管道防"跑、冒、滴、漏"等，都属可靠性的质量范畴。

（五）经济性

经济性是指工程从规划、勘察、设计、施工到整个产品使用寿命周期内的成本和消耗的费用。工程经济性具体表现为设计成本、施工成本、使用成本三者之和。包括从征地、拆迁、勘察、设计、采购（材料、设备）、施工、配套设施等建设全过程的总投资和工程使用阶段的能耗、水耗、维护、保养乃至改建更新的使用维修费用。

（六）与环境的协调性

与环境的协调性是指工程与其周围生态环境协调，与所在地区经济环境协调以及与周围已建工程相协调，以适应可持续发展的要求。

上述六个方面的质量特性彼此之间是相互依存的。总体而言，适用、耐久、安全、可靠、经济与环境适应性，都是必须达到的基本要求，缺一不可。

二、影响工程质量的因素

影响建设工程项目质量的因素很多，通常可以归纳为五个方面，即 4M1E，指：人（Man）、材料（Material）、机械（Machine）、方法（Method）和环境（Environment）。事前对这五方面的因素严加控制，是保证建筑工程质量的关键。

（一）人

人是生产经营活动的主体，也是直接参与施工的组织者、指挥者及直接参与施工作业活动的具体操作者。人员素质，即人的文化、技术、决策、组织、管理等能力的高低直接或间接影响工程质量。此外，人，作为控制的对象，是要避免产生失误；作为控制的动力，是要充分调动人的积极性，发挥人的主导作用。

为此，要根据工程特点，从确保质量出发，从人的技术水平、人的生理缺陷、人的心理行为、人的错误行为等方面来控制人的使用。因此，建筑行业实行经营资质管理和各类行业从业人员持证上岗制度是保证人员素质的重要措施。

（二）材料

材料包括原材料、成品、半成品、构配件等，它是工程建设的物质基础，也是工程质量的基础。要通过严格检查验收，正确合理地使用，建立管理台账，进行收、发、储、运等各环节的技术管理，避免混料和将不合格的原材料使用到工程上。

（三）机械

机械包括施工机械设备、工具等，是施工生产的手段。要根据不同工艺特点和技术要求，选用合适的机械设备；正确使用、管理和保养好机械设备。工程机械的质量与性能直接影响到工程项目的质量。为此要健全"人机固定"制度、"操作证"制度、岗位责任制度、交接班制度、"技术保养"制度、"安全使用"制度、机械设备检查制度等，确保机械设备处于最佳使用状态。

（四）方法

方法，包含施工方案、施工工艺、施工组织设计、施工技术措施等。在工程中，方法是否合理，工艺是否先进，操作是否得当，都会对施工质量产生重大影响。应通过分析、研究、对比，在确认可行的基础上，切合工程实际，选择能解决施工难题、技术可行、经济合理，有利于保证质量、加快进度、降低成本的方法。

（五）环境

影响工程质量的环境因素较多，有工程技术环境，如工程地质、水文、气象等；工程管理环境，如质量保证体系、质量管理制度等；劳动环境，如劳动组合、作业场所、工作面等；法律环境，如建设法律法规等；社会环境，如建筑市场规范程度、政府工程质量监督和行业监督成熟度等。环境因素对工程质量的影响，具有复杂而多变的特点，如气象条件就变化万千，温度、湿度、大风、暴雨、酷暑、严寒都直接影响工程质量。又如前一工序往往就是后一工序的环境，前一分项、分部工程也就是后一分项、分部工程的环境。因此，加强环境管理，改进作业条件，把握好环境，是控制环境对质量影响的重要保证。

三、质量控制体系

（一）质量控制责任体系

在工程项目建设中，参与工程建设的各方，应根据国家颁布的《建设工程质量管理条例》以及合同、协议与有关文件的规定承担相应的质量责任。

1. 建设单位的质量责任

建设单位要根据工程特点和技术要求，按有关规定选择相应资质等级的勘察、设计单位和施工单位，在合同中必须有质量条款，明确质量责任，并真实、准确、齐全地提供与建设工程有关的原始资料。凡建设工程项目的勘察、设计、施工、监理以及与工程建设有关重要设备材料的采购，均实行招标，依法确定程序和方法，择优选定中标者。不得将应由一个承包单位完成的建设工程项目肢解成若干部分发包给几个承包单位；不得迫使承包方以低于成本的价格竞标；不得任意压缩合理工期；不得明示或暗示设计单位或施工单位违反建设强制性标准，降低建设工程质量。建设单位对其自行选择的设计、施工单位发生的质量问题承担相应责任。

建设单位应根据工程特点，配备相应的质量管理人员。对国家规定强制实行监理的工程项目，必须委托有相应资质等级的工程监理单位进行监理。建设单位应与监理单位签订监理合同，明确双方的责任和义务。

建设单位在工程开工前，负责办理有关施工图设计文件审查、工程施工许可证和工程质量监督手续，组织设计和施工单位认真进行检查，涉及建筑主体和承重结构变动的装修工程，建设单位应在施工前委托原设计单位或者相应资质等级的设计单位提出设计方案，经原审查机构审批后方可施工。工程项目竣工后，应及时组织设计、施工、工程监理等有关单位进行施工验收，未经验收备案或验收备案不合格的，不得交付使用。

建设单位按合同约定负责采购供应的建筑材料、建筑构配件和设备，应符合设计文件和合同要求，对发生的质量问题，应承担相应的责任。

2. 勘察、设计单位的质量责任

勘察、设计单位必须在资质等级许可的范围内承揽相应的勘察、设计任务，不允许承揽超越其资质等级许可范围以外的任务，不得将承揽工程转包或违法分包，也不得以任何形式用其他单位的名义承揽业务或允许其他单位或个人以本单位的名义承揽业务。

勘察、设计单位必须按照国家现行的有关规定、工程建设强制性技术标准和合同要求进行勘察、设计工作，并对所编制的勘察设计文件的质量负责。勘察单位提供的地质、测量、水文等勘察成果文件必须准确。设计单位提供的设计文件应当符合国家规定的设计深度要求，注明工程合理使用年限。设计文件中选用的材料、构配件和设备，应当注明规格、型号、性能等技术指标，不得指定生产厂、供应商。设计单位应就审查合格的施工图文件向施工单位做出详细说明，解决施工中对设计提出的问题，负责设计变更。参与工程质量事故分析，并对设计造成的质量事故，提出相应的处理方案。

3. 施工单位的质量责任

施工单位必须在其资质等级许可的范围内承揽相应的施工任务，不允许承揽超越其资质等级业务范围以外的任务，不得将承接的工程转包或违法分包，也不得以任何形式用其他施工单位的名义承揽工程或允许其他单位、个人以本单位的名义承揽工程。

施工单位对所承包的工程项目的质量负责。应当建立健全质量管理体系，落实质量责任制，确定工程项目的项目经理。技术、施工、设备采购的一项或多项实行总承包的，总承包单位应对其承包的建设工程或采购的设备的质量负责；实行总分包的工程，分包应按照分包合同约定其分包工程的质量向总承包单位负责，总承包单位与分包单位对分包工程的质量承担连带责任。

施工单位必须按照工程设计图纸和施工技术规范标准组织施工。未经设计单位同意，不得擅自修改工程设计。在施工中，必须按照工程设计要求、施工技术规范标准和合同约定，对建筑材料、构配件、设备和商品混凝土进行检验，不得偷工减料，不使用不符合设计和强制性技术标准要求的产品，不使用未经检验和试验或检验与试验不合格的产品。

4. 工程监理单位的质量责任

工程监理单位应按其资质等级许可的范围承揽工程监理业务，不允许超越本单位资质等级许可的范围或以其他工程监理单位的名义承揽工程监理业务，不得转让工程监理业务，不允许其他单位或个人以本单位的名义承揽工程监理业务。

工程监理单位应依照法律、法规以及有关技术标准、设计文件和建设工程承包合同，与建设单位签订监理合同，代表建设单位对工程质量实施监理，并对工程质量承担监理责任。监理责任主要有违法责任和违约责任两个方面。如工程监理单位故意弄虚作假，降低工程质量标准，造成质量事故，要承担法律责任。若工程监理单位与承包单位串通，谋取非法利益，给建设单位造成损失的，应当与承包单位承担连带赔偿责任。如果监理单位在责任期内，不按照监理合同约定履行监理职责，给建设单位或其他单位造成损失的，属违约责任，应当向建设单位赔偿。

5. 建筑材料、构配件及设备生产或供应单位的质量责任

建筑材料、构配件及设备生产或供应单位对其生产或供应的产品质量负责。生产商或供应商必须具备相应的生产条件、技术装备和质量管理体系，所生产或供应的建筑材料、构配件及设备的质量应符合国家和行业现行的技术规定的合格标准与设计要求，并与说明书和包装上的质量标准相符，且应有相应的产品检验合格证，设备有详细的使用说明等。

（二）建筑工程质量政府监督管理的职能

1. 建立和完善工程质量管理法规

工程质量管理法规包括行政性法规和工程技术规范标准，前者如《中华人民共和国建筑法》《建设工程质量管理条例》等，后者如工程设计规范、建筑工程施工质量验收统一标准、工程施工质量验收规范等。

2. 建立和落实工程质量责任制

工程质量责任制包括工程质量行政领导的责任、项目法定代表人的责任、参建单位法定代表人的责任和质量终生负责制等。

3. 建设活动主体资格的管理

国家对从事建设活动的单位实行严格的从业许可制度，对从事建设活动的专业技术人员实行严格的执业资格制度。建设行政部门及有关专业部门活动各自分工，负责对各类资质标准的审查、从业单位的资质等级的最后认定、专业技术人员资格等级和从业范围等实施动态管理。

4. 工程承发包管理

工程承发包管理包括规定工程招标承发包的范围、类型、条件，对招标承发包活动的依法监督和工程合同管理。

5. 控制工程建设程序

工程建设程序包括工程报建、施工图设计文件的审查、工程施工许可、工程材料和设备准用、工程质量监督、施工验收备案等管理。

第二节　全面质量管理与质量控制方法

一、概念

全面质量管理是以组织全员参与为基础的质量管理形式。全面质量管理代表了质量管理发展的最新阶段。

全面质量管理在早期称为 TQC，以后随着进一步发展而演化成为 TQM。全面质量管理的定义为：一个组织以质量为中心，以全员参与为基础，目的在于通过让顾客满意和本组织所有成员及社会受益而达到长期成功的管理途径。这一定义反映了全面质量管理概念的最新发展，也得到了质量管理界广泛认可。

二、全面质量管理要求

（一）全过程的质量管理

任何产品或服务的质量，都有一个产生、形成和实现的过程。从全过程的角度来看，质量产生、形成和实现的整个过程是由多个相互联系、相互影响的环节所组成的，每一个环节都或轻或重地影响着最终的质量状况。为了保证和提高质量就必须把影响质量的所有环节和因素都控制起来。为此，全过程的质量管理包括了从市场调研、产品的设计开发、生产（作业），到销售、服务等全部有关过程的质量管理。换句话说，要保证产品或服务的质量，不仅要搞好生产或作业过程的质量管理，还要搞好设计过程和使用过程的质量管理。要把质量形成全过程的各个环节或有关因素控制起来，形成一个综合性的质量管理体系，做到以预防为主，防检结合，重在提高。为此，全面质量管理强调必须体现如下两个思想：

1. 预防为主、不断改进的思想

优良的产品质量是设计和生产制造出来的而不是靠事后的检验决定的。事后的检验面对的是已经成事实的产品质量。根据这一基本道理，全面质量管理要求把管理工作的重点，从"事后把关"转移"事前预防"上来；从管结果转变为管因素，实行"预防为主"的方针，把不合格消灭在它的形成过程之中，做到"防患于未然"。当然，为了保证产品质量，防止不合格品出厂或流入下道工序，并把发现的问题及时反馈，防止再出现、再发生，加强质量检验在任何情况下都是必不可少的。强调预防为主、不断改进的思想，不仅

不排斥质量检验，甚至要求其更加完善、更加科学。质量检验是全面质量管理的重要组成部分，企业内行之有效的质量检验制度必须坚持，并且要进一步使之科学化、完善化、规范化。

2. 为顾客服务的思想

顾客有内部和外部之分：外部的顾客可以是最终的顾客，也可以是产品的经销商或再加工者；内部的顾客是企业的部门和人员。实行全过程的质量管理要求企业所有各个工作环节都必须树立为顾客服务的思想。内部顾客满意是外部顾客满意的基础。因此，在企业内部要树立"下道工序是顾客""努力为下道工序服务"的思想。现代工业生产是一环扣一环，前道工序的质量会影响后道工序的质量，一道工序出了质量问题，就会影响整个过程以至于产品质量。因此，要求每道工序的工序质量，都要经得起下道工序，即"顾客"的检验，满足下道工序的要求。有些企业开展的"三工序"活动即复查上道工序的质量；保证本道工序的质量；坚持优质、准时为下道工序服务是为顾客服务思想的具体体现。只有每道工序在质量上都坚持高标准，都为下道工序着想，为下道工序提供最大的便利，企业才能目标一致地、协调地生产出符合规定要求，满足用户期望的产品。

可见，全过程的质量管理就意味着全面质量管理要"始于识别顾客的需要，终于满足顾客的需要"。

（二）全员的质量管理

产品和服务质量是企业各方面、各部门、各环节工作质量的综合反映。企业中任何一个环节，任何一个人的工作质量都会不同程度地直接或间接地影响着产品质量或服务质量。因此，产品质量人人有责，人人关心产品质量和服务质量，人人做好本职工作，全体参加质量管理，才能生产出顾客满意的产品。要实现全员的质量管理，应当做好三个方面的工作。

1. 必须抓好全员的质量教训和培训。教育和培训的目的有两个方面。第一，加强职工的质量意识，牢固树立"质量第一"的思想。第二，提高员工的技术能力和管理能力，增强参与意识。在教育和培训过程中，要分析不同层次员工的需求，有针对性地开展教育和培训。

2. 要制定各部门、各级各类人员的质量责任制，明确任务和职权，各司其职，密切配合，以形成一个高效、协调、严密的质量管理工作的系统。这就要求企业的管理者要勇于授权、敢于放权。授权是现代质量管理的基本要求之一。原因在于，第一，顾客和其他相关方能否满意、企业能否对市场变化做出迅速反应决定了企业能否生存。而提高反应速度的重要和有效的方式就是授权。第二，企业的职工有强烈的参与意识，同时也有很高的聪明才智，赋予他们权利和相应的责任，也能够激发他们的积极性和创造性。第三，在明确职权和职责的同时，还应该要求各部门和相关人员对于质量做出相应的承诺。当然，为了激发他们的积极性和责任心，企业应该将质量责任同奖惩机制挂起钩来。只有这样，才能够确保责、权、利三者的统一。

3. 要开展多种形式的群众性质量管理活动，充分发挥广大职工的聪明才智和当家做主的进取精神。群众性质量管理活动的重要形式之一是质量管理小组。除了质量管理小组之外，还有很多群众性质量管理活动，如合理化建议制度、与质量相关的劳动竞赛等。总之，企业应该发挥创造性，采取多种形式激发全员参与的积极性。

（三）全企业的质量管理

全企业的质量管理可以从纵横两个方面来加以理解。从纵向的组织管理角度来看，质量目标的实现有赖于企业的上层、中层、基层管理乃至一线员工的通力协作，其中尤以高层管理能否全力以赴起着决定性的作用。从企业职能间的横向配合来看，要保证和提高产品质量必须使企业研制、维持和改进质量的所有活动构成一个有效的整体。全企业的质量管理可以从两个角度来理解。

1. 从组织管理的角度来看，每个企业都可以划分成上层管理、中层管理和基层管理。"全企业的质量管理"就是要求企业各管理层次都有明确的质量管理活动内容。当然，各层次活动的侧重点不同。上层管理侧重于质量决策，制定出企业的质量方针、质量目标、质量政策和质量计划，并统一组织、协调企业各部门、各环节、各类人员的质量管理活动，保证实现企业经营管理的最终目的；中层管理则要贯彻落实领导层的质量决策，运用一定的方法找到各部门的关键、薄弱环节或必须解决的重要事项，确定出本部门的目标和对策，更好地执行各自的质量职能，并对基层工作进行具体的业务管理；基层管理则要求每个职工都要严格地按标准、按规范进行生产，相互间进行分工合作，互相支持协助，并结合岗位工作，开展群众合理化建议和质量管理小组活动，不断进行作业改善。

2. 从质量职能角度看，产品质量职能是分散在全企业的有关部门中的，要保证和提高产品质量，就必须将分散在企业各部门的质量职能充分发挥出来。但由于各部门的职责和作用不同，其质量管理的内容也是不一样的。为了有效地进行全面质量管理，就必须加强各部门之间的组织协调，并且为了从组织上、制度上保证企业长期稳定地生产出符合规定要求、满足顾客期望的产品，最终必须建立起企业的质量管理体系，使企业的所有研制、维持和改进质量的活动构成为一个有效的整体。建立和健全全企业质量管理体系，是全面质量管理深化发展的重要标志。

可见，全企业的质量管理就是要"以质量为中心，领导重视、组织落实、体系完善"。

（四）多方法的质量管理

影响产品质量和服务质量的因素也越来越复杂：既有物质的因素，又有人的因素；既有技术的因素，又有管理的因素；既有企业内部的因素，又有随着现代科学技术的发展，对产品质量和服务质量提出了越来越高要求的企业外部的因素。要把这一系列的因素系统地控制起来，全面管好，就必须根据不同情况，区别不同的影响因素，广泛、灵活地运用多种多样的现代化管理办法来解决当代质量问题。

目前，质量管理中广泛使用各种方法，统计方法是重要的组成部分。除此之外，还有很多非统计方法。常用的质量管理方法有所谓的老七种工具，具体包括因果图、排列图、直方图、控制图、散布图、分层图、调查表；还有新七种工具，具体包括：关联图法、KJ法、系统图法、矩阵图法、矩阵数据分析法、PDPC法、矢线图法。除了以上方法外，还有很多方法，尤其是一些新方法近年来得到了广泛的关注，具体包括：质量功能展开（QFD）、故障模式和影响分析（FMEA）、头脑风暴法（Brainstorming）、水平对比法（Benchmarking）、业务流程再造（BPR）等。

总之，为了实现质量目标，必须综合应用各种先进的管理方法和技术手段，必须善于学习和引进国内外先进企业的经验，不断改进本组织的业务流程和工作方法，不断提高组织成员的质量意识和质量技能。"多方法的质量管理"要求的是"程序科学、方法灵活、实事求是、讲求实效"。

上述"三全一多样"，都是围绕着"有效地利用人力、物力、财力、信息等资源，以最经济的手段生产出顾客满意的产品"这一企业目标的，这是我国企业推行全面质量管理的出发点和落脚点，也是全面质量管理的基本要求。坚持质量第一，把顾客的需要放在第一位，树立为顾客服务、对顾客负责的思想，是我国企业推行全面质量管理贯彻始终的指导思想。

三、质量控制的方法

施工质量控制的方法，主要包括审核有关技术文件、报告和直接进行检查或必要的试验等。

（一）审核有关技术文件、报告或报表

对技术文件、报告、报表的审核，是项目经理对工程质量进行全面控制的重要手段，具体内容有：

1. 审核分包单位的有关技术资质证明文件，控制分包单位的质量。

2. 审核开工报告，并经现场核实。

3. 审核施工方案、质量计划、施工组织设计或施工计划，控制工程施工质量有可靠的技术措施保障。

4. 审核有关材料、半成品和构配件质量证明文件（如出场合格证、质量检验或试验报告等），确保工程质量有可靠的物质基础。

5. 审核反映工序质量动态的统计资料或控制图表。

6. 审核设计变更、修改图纸和技术核定书等，确保设计及施工图纸的质量。

7. 审核有关质量事故或质量问题的处理报告，确保质量事故或问题处理的质量。

8. 审核有关新材料、新工艺、新技术、新结构的技术鉴定书，确保新技术应用的质量。

9. 审核有关工序交接检查，分部分项工程质量检查报告等文件，以确保和控制施工过程中的质量。

10. 审核并签署现场有关技术签证、文件等。

（二）现场质量检查

1. 现场质量检查的内容

（1）开工前检查。目的是检查是否具备开工条件，开工后能否连续正常施工，能否保证工程质量。

（2）工序交接检查。对于重要的工序或对质量有重大影响的工序，在自检、互检的基础上，还要组织专职人员进行工序交接检查。

（3）隐蔽工程检查。凡是隐蔽工程均应检查认证后方能掩盖。

（4）停工后复工前的检查。因处理质量问题或某种原因停工后须复工时，经检查认可后方能复工。

（5）分项、分部工程完工后，经检查认可，签署验收记录后方可进行下一工程项目施工。

（6）成品保护检查。检查成品有无保护措施，或保护措施是否可靠。

此外，还应经常深入现场，对施工操作质量进行巡检，必要时还应进行跟班或追踪检查。

2. 现场进行质量检查的方法

现场进行质量检查的方法有目测法、实测法和试验法三种。

（1）目测法

其手段可归纳为看、摸、敲、照四个字。

①看，是根据质量标准进行外观目测。如清水墙面是否洁净，喷涂是否密实，颜色是否均匀，内墙抹灰大面积及口角是否平直，地面是否光洁平整，油漆浆活表现观感等。

②摸，是手感检查。主要用于装饰工程的某些检查项目，如水刷石、干粘石粘结牢固程度，油漆的光滑度，浆活是否掉粉等。

③敲，是运用工具进行音感检查。如对地面工程、装饰工程中的水磨石、面砖、大理石贴面等均应进行敲击检查，通过声音的虚实判断有无空鼓，还可根据声音的清脆和沉闷判定属于面层空鼓还是底层空鼓。

④照，指对于难以看到或光线较暗的部位，可采用镜子反射或灯光照射的方法进行检查。

（2）实测法

指通过实测数据与施工规范及质量标准所规定的允许偏差对照，来判断质量是否合格。实测检查法的手段可归纳为靠、吊、量、套四个。

①靠，是用直尺、塞尺检查墙面、地面、屋面的平整度。

②吊，是用托线板以线锤吊线检查垂直度。

③量，是用测量工具盒计量仪表等检查断面尺寸、轴线、标高、湿度、温度等的偏差。这种方法用得最多，主要是检查允许偏差项目。如外墙砌砖上下窗口偏移用经纬仪或吊线检查等。

④套，是以方尺套方，辅以塞尺检查。如对阴阳角的方正、踢脚线的垂直度、预制构件的方正等项目的检查。

（3）试验法

指必须通过试验手段，才能对质量进行判断的检查方法。如对钢筋对焊接头进行拉力试验，检验焊接的质量等。

①理化试验

常用的理化试验包括物理力学性能方面的检验和化学成分及含量的测定等。

物理性能有：密度、含水量、凝结时间、安定性、抗渗等。力学性能的检验有：抗拉强度、抗压强度、抗弯强度、抗折强度、冲击韧性、硬度、承载力等。

②无损测试或检验

借助专门的仪器、仪表等探测结构或材料、设备内部组织结构或损伤状态。这类仪器有：回弹仪、超声波探测仪、渗透探测仪等。

第三节　工程质量评定与质量统计分析

工程项目经过施工期、试运行期后，由监理单位进行统计并评定工程项目质量等级，经项目法人认定后，质量监督机构核定。

一、工程质量评定标准

（一）合格标准

1. 单位工程质量全部合格。

2. 工程施工期及试运行期，各单位工程观测资料分析结果均符合国家和行业技术标准以及合同约定的标准要求。

（二）优良标准

1. 单位工程质量全部合格，其中70%以上单位工程质量达到优良等级，且主要单位工程质量全部优良。

2. 工程施工期及试运行期，各单位工程观测资料分析结果符合国家和行业技术标准以及合同约定的标准要求。

二、工程项目施工质量评定表的填写方法

填报工程项目施工质量评定表，具体如下：

（一）表头填写

1. 工程项目名称

工程项目名称应与批准的设计文件一致。

2. 工程等级

应根据工程项目的规模、作用、类型和重要性等，按照有关规定进行划分，设计文件中一般予以明确。

3. 建设地点

主要是指工程建设项目所在行政区域或流域（河流）的名称。

4. 主要工程量

是指建筑、安装工程的主要工程数量，如土方量、石方量、混凝土方量及安装机组（台）套数量。

5. 项目法人

组织工程建设的单位。对于项目法人自己直接组织建设工程项目，项目法人建设单位的名称与建设单位的名称一般来说是一致的，项目法人名称就是建设单位名称；有的工程项目的项目法人与建设单位是一个机构两块牌子，这时建设单位的名称可填项目法人也可填建设单位的名称；对于项目法人在工程建设现场派驻有建设单位的，可以将项目法人与建设单位的名称一起填上，也可以只填建设单位。

6. 设计单位

设计单位是指承担工程项目勘测设计任务的单位，若一个工程项目由多个勘测设计单位承担时，一般均应填上，或以完成主要单位工程和完成主要工程建设任务的勘测设计单位。

7. 监理单位

指承担工程项目监理任务的监理单位。如果一个工程项目由多个监理单位监理时，一般均应填上，或填承担主要单位工程的监理单位和完成主要工程建设任务的监理单位。

8. 施工单位

施工单位是指直接与项目法人或建设单位签订工程承包合同的施工单位。若一个工程项目由多个施工单位承建时，应填承担主要单位工程和完成主要工程建设任务的施工单位。

9. 开工、竣工日期

开工日期一般指主体工程正式开工的日期，如开工仪式举行的日期，或工程承包合同中阐明的日期。工程项目的竣工日期是指工程竣工验收鉴定书签订的日期。

10. 评定日期

评定日期是指监理单位填写工程项目施工质量评定表时的日期。

（二）表身填写

此表不仅填写施工期施工质量，还应包含试运行期工程质量。

1. 单位工程名称

指该工程项目中的所有单位工程须逐个填入表中。

2. 单元工程质量统计

首先应统计每个单位工程中单元工程的个数，再统计其中每个单位工程中优良单元工程的个数，最后逐个计算每个单位工程的单元工程优良率。

3. 分部工程质量统计

先统计每个单位工程中分部工程的个数，再统计每个单位工程中优良分部工程的个数，最后计算每个单位工程中分部工程的优良率。

每个单位工程的质量等级应是以单位工程的分部工程的优良率为基础，不仅考虑优良单位工程中的主要分部工程必须优良的条件，同时应考虑到原材料质量、中间产品、金属结构及启闭机、机电设备、重要隐蔽单元工程施工记录，以及外观质量、施工质量检验资料的完整程度和是否发生过质量事故、观测资料分析结论等情况，来确定单位工程的质量等级。该栏填写的应是经项目法人认定、质量监督机构核定后的单位工程质量等级。对于单位工程中的分部工程优良率达到70%以上时，若主要分部工程没有达到优良，或因原材料质量、中间产品质量、金属结构、启闭机制造质量和机电产品质量，以及外观质量、施工质量检验资料完整程序没有达到优良标准的要求，或主要分部工程中发生了质量事故或其他分部工程中发生了重大及以上质量事故，应在备注栏内予以简要说明。

（三）表尾的填写

1. 评定结构

统计本工程项目中单位工程的个数，质量全部合格。其中优良工程的个数，计算工程项目单位工程的优良率；再计算主要单位工程的优良率，它是优良等级的主要单位工程的个数与主要单位工程的总个数之比值；最后再计算工程项目的质量等级。

2. 观测资料分析结论

填写通过实测资料提供数据的分析结果。

3. 监理单位意见

水利水电工程项目一般都不止一个施工单位承建，工程项目的质量等级应由各监理单位组织评定，工程项目的总监理工程师根据各单位工程质量评定的结果，确定工程项目的质量等级。总监理工程师签名并盖监理单位公章，将其结果和有关资料报给项目法人（建设单位）。

4. 项目法人意见

若只有一个监理单位监理的工程项目，项目法人对监理单位评定的结果予以审查确认。若由多个监理单位共同监理的工程项目，每一个监理单位只能对其监理的工程建设内容的质量进行评定和复核，整个工程项目的质量评定应由项目法人组织有关人员进行评定，法定代表人或项目法人签名并盖单位公章，将结果和相关资料上报质量监督机构。

5. 质量监督机构核定意见

质量监督机构在接到项目法人（建设单位）报来的工程项目质量评定结果和有关资料后，对照有关标准，认真审查，核定工程项目的质量等级。由工程项目质量监督负责人或质量监督机构负责人签名，并盖相应质量监督机构的公章。

三、质量统计分析

对工程项目进行质量控制的一个重要方法是利用质量数据和统计分析方法。通过收集和整理质量数据，进行统计分析比较，可以找出生产过程的质量规律，从而对工程产品的质量状况进行判断，找出工程中存在的问题和问题产生的原因，然后再有针对性地找出解决问题的具体措施，从而有效解决工程中出现的质量问题，保证工程质量符合要求。

（一）工程质量数据

质量数据是用以描述工程质量特征性能的数据。它是进行质量控制的基础，如果没有相关的质量数据，那么科学的现代化质量控制就不会出现。

1. 质量数据的收集

质量数据的收集总的要求应当是随机地抽样，即整批数据中每一个数据都有被抽到的同样机会。常用的方法有随机法、系统抽样法、二次抽样法和分层抽样法。

2. 质量数据的特征

为了进行统计分析和运用特征数据对质量进行控制，经常要使用许多统计特征数据。

统计特征数据主要有均值、中位数、极值、极差、标准偏差、变异系数。其中，均值、中位数表示数据集中的位置；极差、标准偏差、变异系数表示数据的波动情况，即分散程度。

3. 质量数据的分类

根据不同的分类标准，可以将质量数据分为不同的种类。

按质量数据所具有的特点，可以将其分为计量值数据和计数值数据；按期收集目的可分为控制性数据和验收性数据。

（1）按质量数据的特点分类

①计数值数据

计数值数据是不连续的离散型数据。如不合格品数、不合格的构件数等，这些反映质量状况的数据是不能用量测器具来度量的，采用计数的办法，只能出现0、1、2等非负数的整数。

②计量值数据

计量值数据是可连续取值的连续型数据。如长度、重量、面积，标高等质量特征，一般都是可以用量测工具或仪器等量测，一般都带有小数。

（2）按质量数据收集的目的分类

①控制性数据

控制性数据一般是以工序作为研究对象，是为分析、预测施工过程是否处于稳定状态而定期随机地抽样检验获得的质量数据。

②验收性数据

验收性数据是以工程的最终实体内容为研究对象，以分析、判断其质量是否达到技术标准或用户的要求，而采取随机抽样检验获取的质量数据。

4. 质量数据的波动

在工程施工过程中常可看到在相同的设备、原材料、工艺及操作人员条件下，生产的同一种产品的质量不同，反映在质量数据上，即具有波动性，其影响因素有偶然性因素和系统性因素两大类。

（1）偶然性因素造成的质量数据波动

偶然性因素引起的质量数据波动属于正常波动，偶然因素是无法或难以控制的因素，所造成的质量数据的波动量不大，没有倾向性，作用是随机的，工程质量只有偶然因素影响时，生产才处于稳定状态。

（2）系统性因素造成的质量数据波动

由系统因素造成的质量数据波动属于异常波动，系统因素是可控制、易消除的因素，这类因素不经常产生，但具有明显的倾向性，对工程质量的影响较大。

质量控制的目的就是要找出出现异常波动的原因，即系统性因素是什么，并加以排除，使质量只受随机性因素的影响。

（二）质量控制统计方法

通过对质量数据的收集、整理和统计分析，找出质量的变化规律和存在的质量问题，提出进一步的改进措施，这种运用数学工具进行质量控制的方法是所有涉及质量管理的人员所必须掌握的，它可以使质量控制工作定量化和规范化。在质量控制中常用的数学工具及方法主要有以下几种。

1. 排列图法

排列图法又叫作巴雷特法、主次排列图法，是分析影响质量主要问题的有效方法，将众多的因素进行排列，主要因素就会令人一目了然。

排列图法由一个横坐标、两个纵坐标、几个长方形和一条曲线组成。左侧的纵坐标是频数或件数，右侧的纵坐标是累计频率，横轴则是项目或因素，按项目频数大小顺序在横轴上自左而右画长方形，其高度为频数，再根据右侧的纵坐标画出累计频率曲线，该曲线又叫作巴雷特曲线。

2. 直方图法

直方图法又叫作频率分布直方图，它们将产品质量频率的分布状态用直方图形来表示，根据直方图形的分布形状和与公差界限的距离来观察、探索质量分布规律，分析和判断整个生产过程是否正常。

利用直方图可以制定质量标准，确定公差范围，可以判明质量分布情况是否符合标准的要求。

3. 相关图法

产品质量与影响质量的因素之间具有一定的联系，但不一定是严格的函数关系，这种关系叫作相关关系，可利用直角坐标系将两个变量之间的关系表达出来。相关图的形式有正相关、负相关，非线性相关和无相关。此外还有调查表法、分层法等。

第四节　竣工验收与质量事故处理

一、自查

对于建设内容复杂、技术含量较高的水利水电工程项目，考虑到若只进行一次性竣工验收，因时间仓促而使有些问题不能进行认真细致的查验和充分讨论，而影响验收工作的质量。因此，要求在申请竣工验收前，项目法人应组织竣工验收自查。自查工作由项目法人主持，勘测、设计、监理、施工、主要设备制造（供应）商以及运行管理等单位的代表参加。项目法人组织工程竣工验收自查前,应提前 10 个工作日通知质量和安全监督机构,同时向法人验收监督管理机关报告。质量和安全监督机构应派员列席自查工作会议。

(一) 自查条件

1. 工程主要建设内容已按批准设计全部完成。

2. 各单位工程的质量等级已经质量监督机构核定。

3. 工程投资已基本到位,并具备财务决算条件。

4. 有关验收报告已准备就绪。

初步验收一般应成立初步验收工作组,组长由项目法人担任,其成员通常由设计、施工、监理、质量监督、运行管理和有关上级主管单位的代表及有关专家组成。质量监督部门不仅要参加竣工验收自查工作组,还要提出质量评定报告,并在竣工验收自查工作报告上签字。

(二) 竣工验收自查内容

1. 检查有关单位的工作报告。

2. 检查工程建设情况,评定工程项目施工质量等级。

3. 检查历次验收、专项验收的遗留问题和工程初期运行所发现问题的处理情况。

4. 确定工程尾工内容及其完成期限和责任单位。

5. 对竣工验收前应完成的工作做出安排。

6. 讨论并通过竣工验收自查工作报告。

项目法人应在完成竣工验收自查工作之日起 10 个工作日内,将自查的工程项目质量结论和相关资料报质量监督机构核备。

二、工程质量抽样检测

(一) 竣工验收主持单位

1. 根据竣工验收的需要,竣工验收主持单位可以委托具有相应资质的工程质量检测单位对工程质量进行抽样检测。

2. 根据竣工验收主持单位的要求和项目的具体情况,项目法人应负责提出工程质量抽样检测的项目、内容和数量,经质量监督机构审核后报竣工验收主持单位核定。

3. 项目法人自收到检测报告的 10 个工作日内,应获取工程质量检测报告。

（二）项目法人

1. 项目法人与竣工验收主持单位委托的具有相应资质工程质量检测单位签订工程质量检测合同。检测所需费用由项目法人列支，质量不合格工程所发生的检测费用由责任单位承担。

2. 根据竣工验收主持单位的要求和项目的具体情况，项目法人应负责提出工程质量抽样检测的项目、内容和数量，经质量监督机构审核后报竣工验收主持单位核定。

3. 项目法人应自收到检测报告 10 个工作日内将其上报竣工验收主持单位。

4. 对抽样检测中发现的质量问题，项目法人应及时组织有关单位研究处理。在影响工程安全运行以及使用功能的质量问题未处理完毕前，不得进行竣工验收。

5. 不得与工程质量检测单位隶属同一经营实体。

（三）工程质量检测单位

1. 应具有相应工程质量检测资质。

2. 应按照有关技术标准对工程进行质量检测，按合同要求及时提出质量检测报告并对检测结论负责。

3. 不得与工程建设的项目法人、设计、监理、施工、设备制造（供应）商等单位隶属同一经营实体。

三、竣工技术预验收

对于建设内容复杂、技术含量较高的水利水电工程项目，考虑到若只进行一次性竣工验收，因时间仓促而使有些问题不能进行认真细致的查验和充分讨论，而影响验收工作的质量。因此，要求在竣工验收之前进行一次技术性的预验收。

竣工技术预验收应由竣工验收主持单位组织的专家组负责，专家组成员通常由设计、施工、监理、质量监督、运行管理等单位代表以及有关专家组成。竣工技术预验收专家组成员应具有高级技术职称或相应执业资格，2/3 以上成员应来自工程非参建单位。工程参建单位的代表应参加技术预验收，负责回答专家组提出的问题。竣工技术预验收专家组可下设专业工作组，并在各专业工作组检查意见的基础上形成竣工技术预验收工作报告。

（一）竣工技术预验收的主要工作内容

1. 检查工程是否按批准的设计完成。

2. 检查工程是否存在质量隐患和影响工程安全运行的问题。

3. 检查历次验收、专项验收的遗留问题和工程初期运行中所发现问题的处理情况。

4. 对工程重大技术问题做出评价。

5. 检查工程尾工安排情况。

6. 鉴定工程施工质量。

7. 检查工程投资、财务情况。

8. 对验收中发现的问题提出处理意见。

（二）竣工技术预验收的工作程序

1. 现场检查工程建设情况并查阅有关工程建设资料。

2. 听取项目法人、设计、监理、施工、质量和安全监督机构、运行管理等单位工作报告。

3. 听取竣工验收技术鉴定报告和工程质量抽样检测报告。

4. 专业工作组讨论并形成各专业工作组意见。

5. 讨论并通过竣工技术预验收工作报告。

6. 讨论并形成竣工验收鉴定书初稿。

四、竣工验收

（一）竣工验收单位构成

竣工验收委员会可设主任委员 1 名，副主任委员以及委员若干名，主任委员应由验收主持单位代表担任。竣工验收委员会由竣工验收主持单位、有关地方人民政府和部门、有关水行政主管部门和流域管理机构、质量和安全监督机构、运行管理单位的代表以及有关专家组成。对于技术较复杂的工程，可以吸收有关方面的专家以个人身份参加验收委员会。

竣工验收的主持单位按以下原则确定：

1. 中央投资和管理的项目，由水利部或水利部授权流域机构主持。

2. 中央投资、地方管理的项目，由水利部或流域机构与地方政府或省一级水行政主管部门共同主持，原则上由水利部或流域机构代表担任验收主任委员。

3. 中央和地方合资建设的项目，由水利部或流域机构主持。

4. 地方投资和管理的项目由地方政府或水行政主管部门主持。

5. 地方与地方合资建设的项目，由合资各方共同主持，原则上由主要投资方代表担任验收委员会主任委员。

6. 多种渠道集资兴建的甲类项目由当地水行政主管部门主持；乙类项目由主要出资方主持，水行政主管部门派员参加。大型项目的验收主持单位要报省级水行政主管部门批准。

7. 国家重点工程按国家有关规定执行。

为了更好地保证验收工作的公正和合理，各参建单位如项目法人、勘测、设计、监理、施工和主要设备制造（供应）商等单位应派代表参加竣工验收，负责解答验收委员会提出的问题，并作为被验收单位代表在验收鉴定书上签字。

项目法人应在竣工验收前一定的期限内（通常为1个月左右），向竣工验收的主持单位递交《竣工验收申请报告》，可以让主持竣工验收单位与其他有关单位有一定的协商时间，同时也有一定的时间来检查工程是否具备竣工验收条件。项目法人还应在竣工验收前一定的期限内（通常为半个月左右）将有关材料送达竣工验收委员会成员单位，以便验收委员会成员有足够的时间审阅有关资料，澄清有关问题。《竣工验收申请报告》通常包括如下内容：工程完成情况；验收条件检查结果；验收组织准备情况；建议验收时间、地点和参加单位。

验收主持单位在接到项目法人《竣工验收申请报告》后，应同有关单位进行协商，拟定验收时间、地点及验收委员会组成单位等有关事宜，批复验收申请报告。

（二）竣工验收主要内容与程序

1. 现场检查工程建设情况及查阅有关资料。

2. 召开大会：

（1）宣布验收委员会组成人员名单。

（2）观看工程建设声像资料。

（3）听取工程建设管理工作报告。

（4）听取竣工技术预验收工作报告。

（5）听取验收委员会确定的其他报告。

（6）讨论并通过竣工验收鉴定书。

（7）验收委员会委员和被验收单位代表在竣工验收鉴定书上签字。

（三）竣工验收确定

1. 工程项目质量达到合格以上等级的，竣工验收的质量结论意见为合格。

2. 竣工验收鉴定书格式如下。数量按验收委员会组成单位、工程主要参建单位各1份以及归档所需要份数确定。自鉴定书通过之日起30个工作日内，由竣工验收主持单位发送有关单位。

五、质量事故处理

(一) 事故处理必备条件

建筑工程质量事故分析的最终目的是处理事故。由于事故处理具有复杂性、危险性、连锁性、选择性及技术难度大等特点,因此必须持科学、谨慎的观点,并严格遵守一定的处理程序。

1. 处理目的明确。

2. 事故情况清楚。一般包括事故发生的时间、地点、过程、特征描述、观测记录及发展变化规律等。

3. 事故性质明确。通常应明确三个问题:是结构性还是一般性问题;是实质性还是表面性问题;事故处理的紧迫程度。

4. 事故原因分析准确、全面。事故处理就像医生给人看病一样,只有弄清病因,方能对症下药。

5. 事故处理所需资料应齐全。资料是否齐全直接影响到分析判断的准确性和处理方法的选择。

(二) 事故处理要求

事故处理通常应达到以下四项要求:安全可靠、不留隐患;满足使用或生产要求;经济合理;施工方便、安全。要达到上述要求,事故处理必须注意以下事项。

1. 综合治理

首先,应防止原有事故处理后引发新的事故;其次,应注意处理方法的综合应用,以取得最佳效果;最后,一定要消除事故根源,不可治表不治里。

2. 事故处理过程中的安全

避免工程处理过程中或者在加固改造的过程中倒塌,造成更大的人员和财产损失,为此应注意以下问题。

(1) 对于严重事故、岌岌可危、随时可能倒塌的建筑,在处理之前必须有可靠的支护。

(2) 对需要拆除的承重结构部件,必须事先制订拆除方案和安全措施。

(3) 凡涉及结构安全的,处理阶段的结构强度和稳定性十分重要,尤其是钢结构容易失稳应引起足够重视。

(4) 重视处理过程中由于附加应力引发的不安全因素。

（5）在不卸载条件下进行结构加固，应注意加固方法的选择以及对结构承载力的影响。

3. 事故处理的检查验收工作

目前，对新建施工，由于引进工程监理，在"三控三管一协调"方面发挥了重要作用。但对于建筑物的加固改造工程事故处理及检查验收工作重视程度还不够，应予以加强。

（三）质量事故处理的依据

进行工程质量事故处理的主要依据有四个方面：质量事故的实况资料；具有法律效力的，得到有关当事各方认可的工程承包合同、设计委托合同、材料或设备购销合同以及监理合同或分包合同等合同文件；有关的技术文件、档案和相关的建设法规。

1. 质量事故的实况资料

要搞清质量事故的原因和确定处理对策，首要的是要掌握质量事故的实际情况。有关质量事故实况的资料主要可来自以下几个方面。

（1）施工单位的质量事故调查报告。质量事故发生后，施工单位有责任就所发生的质量事故进行周密的调查、研究掌握情况，并在此基础上写出调查报告，提交监理工程师和业主。在调查报告中首先就与质量事故有关的实际情况做详尽的说明，其内容应包括：

①质量事故发生的时间、地点。

②质量事故状况的描述。发生的事故类型（如混凝土裂缝、砖砌体裂缝）；发生的部位（如楼层、梁、柱，及其所在的具体位置）；分布状态及范围；严重程度（如裂缝长度、宽度、深度等）。

③质量事故发展变化的情况（其范围是否继续扩大、程度是否已经稳定等）。

④有关质量事故的观测记录、事故现场状态的照片或录像。

（2）监理单位调查研究所获得的第一手资料。

其内容大致与施工单位调查报告中有关内容相似，可用来与施工单位所提供的情况对照、核实。

2. 有关合同及合同文件

（1）所涉及的合同文件可以是：工程承包合同、设计委托合同、设备与器材购销合同、监理合同等。

（2）有关合同和合同文件在处理质量事故中的作用是确定在施工过程中有关各方是否按照合同有关条款实施其活动，借以探寻产生事故的可能原因。例如，施工单位是否在规定时间内通知监理单位进行隐蔽工程验收；监理单位是否按规定时间实施了检查验收；施工单位在材料进场时，是否按规定或约定进行了检验等。此外，有关合同文件还是界定质量责任的重要依据。

3. 有关的技术文件和档案

（1）有关的设计文件。如施工图纸和技术说明等。它是施工的重要依据。在处理质量事故中，其作用一方面是可以对照设计文件，核查施工质量是否完全符合设计的规定和要求；另一方面是可以根据所发生的质量事故情况，核查设计中是否存在问题或缺陷，成为导致质量事故的一方面原因。

（2）与施工有关的技术文件、档案和资料。

①施工组织设计或施工方案、施工计划。

②施工记录、施工日志等。根据它们可以查对发生质量事故的工程施工时的情况，如：施工时的气温、降雨、风、浪等有关的自然条件；施工人员的情况；施工工艺与操作过程的情况；使用的材料情况；施工场地、工作面、交通等情况；地质及水文地质情况等。借助这些资料可以追溯和探寻事故的可能原因。

③有关建筑材料的质量证明资料。例如，材料批次、出厂日期、出厂合格证或检验报告、施工单位抽检或试验报告等。

④现场制备材料的质量证明资料。例如，混凝土拌和料的级配、水灰比、坍落度记录；混凝土试块强度试验报告；沥青拌和料配比、出机温度和摊铺温度记录等。

⑤质量事故发生后，对事故状况的观测记录、试验记录或试验报告等。例如，对地基沉降的观测记录；对建筑物倾斜或变形的观测记录；对地基钻探取样记录与试验报告，对混凝土结构物钻取试样的记录与试验报告等。

⑥其他有关资料。上述各类技术资料对于分析质量事故原因，判断其发展变化趋势，推断事故影响及严重程度，考虑处理措施等都是不可缺少的。

4. 监理单位编制质量事故调查报告

调查的主要目的是要明确事故的范围、缺陷程度、性质、影响和原因，为事故的分析和处理提供依据。

调查报告的内容主要包括：

（1）与事故有关的工程情况。

（2）质量事故的详细情况，诸如质量事故发生的时间、地点、部位、性质、现状及发展变化情况等。

（3）事故调查中有关的数据、资料和初步估计的直接损失。

（4）质量事故原因分析与判断。

（5）是否需要采取临时防护措施。

（6）事故处理及缺陷补救的建议方案与措施。

（7）事故涉及的有关人员的情况。

事故原因分析是确定事故处理措施方案的基础。正确的处理来源于对事故原因的正确判断。为此，监理工程师应当组织设计、施工、建设单位等各方参加事故原因分析。事故处理方案的制订应以事故原因分析为基础。如果某些事故一时认识不清，而且事故一时不致产生严重的恶化，可以继续进行调查、观测，以便掌握更充分的资料数据，做进一步分析，找出原因，以利制订处理方案；切忌急于求成，不能对症下药，采取的处理措施不能达到预期效果，造成反复处理的不良后果。

5. 工程质量事故处理的程序

工程监理人员应熟悉各级政府建设行政主管部门处理工程质量事故的基本程序，特别是应把握在质量事故处理中如何履行自己的职责。工程质量事故发生后，监理人员可按以下程序进行处理。

（1）工程质量事故发生后，总监理工程师应签发《工程暂停令》，并要求停止进行质量缺陷部位和与其有关联部位及下道工序施工，应要求施工单位采取必要的措施，防止事故扩大并保护好现场。同时，要求质量事故发生单位迅速按类别和等级向相应的主管部门上报，并于 24h 内写出书面报告。

质量事故报告应包括以下内容：

①事故发生的单位名称，工程产品名称、部位、时间、地点。

②事故的概况和初步估计的直接损失。

③事故发生后采取的措施。

④相关各种资料（有条件时）。

各级主管部门处理权限及组成调查组权限如下：

特别重大质量事故由国务院按有关程序和规定处理；重大质量事故由国家建设行政主管部门归口管理；严重质量事故由省、自治区、直辖市建设行政主管部门归口管理；一般质量事故由市、县级建设行政主管部门归口管理。

工程质量事故调查组由事故发生地的市、县以上建设行政主管部门或国务院有关主管部门组织成立。特别重大质量事故调查组组成由国务院批准；一、二级重大质量事故调查组由省、自治区、直辖市建设行政主管部门提出组成意见，省级人民政府批准；三、四级重大质量事故调查组由市、县级行政主管部门提出组成意见，相应级别人民政府批准；严重质量事故调查组由省、自治区、直辖市建设行政主管部门组织；一般质量事故调查组由市、县级建设行政主管部门组织；事故发生单位属国务院部委的，由国务院有关主管部门或其授权部门会同当地建设行政主管部门组织调查组。

（2）监理工程师在事故调查组展开工作后，应积极协助，客观地提供相应证据，若监理方无责任，监理工程师可应邀参加调查组，参与事故调查；若监理方有责任，则应予以回避，但应配合调查组工作。质量事故调查组的职责是：

①查明事故发生的原因、过程、事故的严重程度和经济损失情况。

②查明事故的性质、责任单位和主要责任人。

③组织技术鉴定。

④明确事故主要责任单位和次要责任单位，承担经济损失的划分原则。

⑤提出技术处理意见及防止类似事故再次发生应采取的措施。

⑥提出对事故责任单位和责任人的处理建议。

⑦写出事故调查报告。

（3）当监理工程师接到质量事故调查组提出的技术处理意见后，可组织相关单位研究，并责成相关单位完成技术处理方案，并予以审核签认。质量事故技术处理方案，一般应委托原设计单位提出，由其他单位提供的技术处理方案，应经原设计单位同意签认。技术处理方案的制订，应征求建设单位意见。技术处理方案必须依据充分，应在质量事故的部位、原因全部查清的基础上，必要时，委托法定工程质量检测单位进行质量鉴定或请专家论证，以确保技术处理方案可靠、可行，保证结构安全和使用功能。

（4）技术处理方案核签后，监理工程师应要求施工单位制订详细的施工方案，必要时应编制监理实施细则，对工程质量事故技术处理施工质量进行监理，技术处理过程中的关键部位和关键工序应进行旁站。

（5）对施工单位完工自检后报验的结果，组织有关各方进行检查验收，必要时应进行处理结果鉴定。要求事故单位整理编写质量事故处理报告，并审核签认，组织将有关技术资料归档。

工程质量事故处理报告主要内容：

①工程质量事故情况、调查情况、原因分析（选自质量事故调查报告）。

②质量事故处理的依据。

③质量事故技术处理方案。

④实施技术处理施工中有关问题和资料。

⑤对处理结果的检查鉴定和验收。

⑥质量事故处理结论。

（6）签发《工程复工令》，恢复正常施工。

第六章　水利工程建设档案管理

第一节　工程档案管理概述

一、工程档案的定义

为了揭示水利工程档案概念的内涵，加强水利工程建设项目档案管理，明确档案管理职责，规范档案管理行为，充分发挥档案在水利工程建设与管理中的作用，水利部颁发了《水利工程建设项目档案管理规定》，对水利工程档案定义做了如下表述：水利工程档案是指水利工程建设项目在前期、实施、竣工验收等各阶段过程中形成的，具有保存价值并经过整理归档的文字、图表、音像、实物等形式的水利工程建设项目文件。

二、水利工程档案概念的内涵

水利工程档案定义从以下几方面揭示了水利工程档案的本质属性，明确了它同其他档案以及科技资料、科技情报的本质区别。

（1）定义揭示了水利工程档案的内容、性质和产生领域，规定了水利工程档案同一般政务档案和其他档案在性质上的区别。档案是人们社会实践活动的历史记录，这是所有档案的共同属性。但是，人们的社会实践活动是多种多样的。因此，在此实践活动中形成的档案门类很多，如政务档案、会计档案、诉讼档案、地名档案等。水利工程档案和所有这些档案的根本区别在于它产生于水利工程建设活动当中，它论述和反映自然界各种物质和运动现象的规律，记述和反映人们认识自然、改造自然的各种活动，这就是水利科技档案的本质属性，同时也是构成水利工程档案的基本要素，又是水利工程档案区别于其他一切档案的基本标准。

（2）定义明确了水利工程档案是水利工程建设活动的直接记录，规定了水利工程档案同科技资料和情报在性质上的区别。定义规定，水利工程档案是在工程建设活动中直接形成的，它直接记录自然现象或具体项目的运动过程和实体，是人们认识自然和改造自然活动的原始记录。工程档案是第一手材料，而不能事后另行编写和搜集的，它具有依据、凭证作用，科技资料和情报则不同，它们是为了科技、生产、建设活动参考的需要而交流、购买来的间接材料，不具有依据和凭证作用。

（3）定义明确了水利工程档案具有保存价值和以备查考的材料，规定了水利工程档案同一般文件材料的区别。

首先，水利工程档案是具有保存价值的文件材料，并非所有在工程建设活动中形成的文件材料都具有保存价值，没有保存价值的工程文件不需要归档，也就不会转化为工程档案。因此，有没有保存价值则是归档的前提。

其次，工程档案是随着建设活动的进展，经技术、专业人员筛选、鉴定和系统整理，由项目负责人或部门负责人审查认可，并履行有关手续后的文件材料。履行有关手续有两个阶段。第一阶段是项目负责人或部门负责人对形成的案卷进行审查认可，并在备考表或有关材料签名。从广义角度来讲，此时的案卷已转化为档案，并不因存放地点变化和是否办理归档手续而影响其特性。如在重点工程建设中，施工单位向在建设单位移交单项工程竣工档案前，虽然没有办理归档手续，但实质上已具备了档案的基本属性，经项目负责人审查认可后的案卷，可以认为此时已由工程文件材料转化为工程档案，并受《中华人民共和国档案法》（以下简称《档案法》）有关条款的约束。第二阶段是业务部门向档案部门办理归档手续，以狭义角度讲，此时的案卷已进入档案业务管理的范畴，并按照整理、鉴定、保管、利用、统计等工作环节的具体要求进行管理。

最后，作为工程档案保存起来的工程文件材料，已经同一般意义上的工程文件材料有了性质上的不同。从它们的作用来讲，工程文件材料产生于工程建设活动，它是为现实工程建设和管理所必备的一种工具，而工程档案是把已有的成果提供出来为工程建设和管理服务，起依据凭证或参考作用，这是由于工程建设活动有其延续性和继承性所决定的。从它们存在的形式方面讲，工程档案是经过系统整理的工程文件材料，它组成了一定的保管单位，并由专人进行管理。而工程文件则是按形成时的原始状态分散在单位各部门或各项活动中。由此可见，两者是一个事物的两个不同阶段，工程文件材料在一定条件下转化为工程档案，工程档案总的来讲是工程文件材料的归宿。

三、水利工程档案的特点

（一）专业技术性

工程档案是在工程建设活动中产生形成的，是按工程专业分工进行的。不同专业有着不同的技术内容和方法，在水利工程专业技术领域形成的工程档案，就集中地反映和记录了水利工程专业技术领域的科技内容及相关的技术方法和手段。水利工程档案所具有的专业性特点，与一般档案不同，也与其他不同专业技术领域形成的科技档案彼此之间相互区别。

（二）成套性

水利工程建设活动，通常是以一个独立的项目为对象而进行的。一个工程项目的设计和施工，必然形成若干相关的工程技术文件材料。这些文件材料全面记录了该工程项目活动的过程和成果，它们之间以不同的建设阶段相区别，又以总体的建设程序和建设内容相联系，构成了一个反映和记录该项工程建设活动材料的整体。因此，水利工程档案资料也是成套的。

（三）现实性

水利工程档案由于其专业性、技术性和实用性较强，使得它不像其他文件归档以后就基本上完成了现行功能，多是用来进行历史查考。水利工程档案则不同，不仅没有退出现行使用过程，而且归档的大多数工程技术档案将在较长的时期内发挥现行效用，如在工程设计、施工单位，归档保存的计算数据和工程底图、蓝图是进行设计、现场施工和套用的依据，使工程档案同工程建设活动紧密联系，不可分离。

（四）多样性和数量大

工程档案多样性是说种类繁多，类型极为复杂，记录方式多种多样，在物质形态里呈现出多样化的鲜明特点。数量大是说工程档案与其他档案相比较，形成数量多、增长速度快、库藏量大，按照有关要求，工程档案资料一般要多套分库保存。

四、工程档案管理工作的意义

（一）建立水利工程档案工作的意义和必要性

水利部原副部长敬正书同志高度概括并准确指出了水利工程档案的作用和重要性：水利工程档案是历史的记录，是水利科技档案的重要组成部分。它来源于工程建设全过程，不仅在建设过程中的质量评定、事故原因分析、索赔与反索赔、阶段验收与竣工验收及其他日常管理工作中具有重要作用，而且在工程建成后的运行、管理工作中，也是不可缺少的依据和条件。这就是说，水利工程档案准确、系统、全面、完整地反映和记录了水利工程项目建设的全过程，是水利工程建设巨大的宝贵财富和信息资源。要对历史负责，就一定要重视档案工作，这是国家赋予我们的责任。尤其是在"建立工程质量终身负责制"的今天，档案的凭证作用更为重要。如果忽视档案管理或者没有建立工程档案工作，造成档案资料的残缺或者不准确，其结果必然会影响工程的建设、管理和验收工作，也给工程档案资料的收集、整理和利用造成不可弥补的损失。因此建立和加强水利工程档案管理工作，是项目建设管理工作的需要，也是国家和水利部的共同要求。它为领导决策和工程日后管理及提高社会经济效益、解决纠纷、保护部门利益等都具有重大意义。国家档案部门和水利部明确规定，工程档案达不到要求的建设项目不能进行竣工验收。为实现优质工程、优质档案的管理目标，就必须建立完整、准确、系统、翔实可靠的档案材料，只有这样，我们才能对历史负责，更好地完成历史与现实赋予我们的重任。

（二）建立水利档案工作的步骤

如何建立水利工程档案工作，按照水利部要求一般要经历以下四个步骤：

首先，水利工程建设项目的领导要对工程档案工作给予高度的重视，落实领导责任制，明确分管档案工作的领导和专兼职档案工作人员，成立档案工作领导小组，建立集中统一的档案管理网络系统，统一组织协调工程建设的档案工作。

其次，根据国家有关档案管理工作的规章制度，建立健全本单位的工程档案管理工作制度。这些制度的内容应包括：①工程档案工作的性质、任务及其管理体制；②工程档案的作用及其与工程建设项目之间的关系；③工程档案资料的形成与整理的主体（由谁负责）；④工程档案包含的具体内容及各类档案材料的分类方案与保管期限表；⑤工程档案资料的整理标准及归档时间与份数。此外，为进一步加强档案的管理工作，各单位在建立档案管理制度的同时，还应建立档案的保管、保护与安全及有效利用制度。

再次，将工程档案工作纳入相关的管理工作程序和有关人员的职责范围，明确和建立各建管单位、设计、招标代理、监理、施工、设备生产、检测等参建单位应履行的档案责任制。

最后，档案部门和档案人员要认真履行职责，加强对工程文件材料的形成、积累、整理工作及项目档案的动态监督、检查指导。

（三）水利工程档案工作的内容及基本原则

1. 水利工程档案工作的内容

水利工程档案工作包括宏观管理和微观管理两个方面的内容。

（1）水利工程档案工作的宏观管理

水利工程档案工作的宏观管理，是指对整个水利工程档案工作实行统一管理，组织协调，统一制度，统一监督、指导和检查。它的内容主要包括：各级水利工程建设单位档案机构的设置和职责范围以及档案队伍建设工作；水利工程档案业务指导工作；水利工程档案工作的规章制度、工程档案工作的标准化和工程档案工作的现代化等内容。

（2）水利工程档案工作的微观管理

水利工程档案工作的微观管理，是指制定与实施各项具体业务建设的原则和方法以及组织、协调工程各参建单位档案管理工作。

水利工程档案的各项业务建设，是指按照科学的原则和方法对水利工程建设中形成的文件材料进行专门的管理，其具体内容有：

①档案的收集工作，即把分散形成的，具有保存和查考利用价值的工程档案收集起来，实行集中保存和管理。

②档案的整理工作，即把集中管理起来的工程档案分门别类、系统排列和科学编目，以便安全保管，目的是最大限度地满足利用。

③档案的鉴定工作，即鉴别工程档案的利用和保存价值，确定档案的保管期限，并对已到保管期限的档案重新进行鉴定以确定继续保存或剔除销毁。

④档案的保管工作，即采取一定的措施，保护工程档案的完整和安全，保守国家机密，防止并克服各种自然的和人为的不利因素对工程档案所起的损坏，并利用各种现代科学技术手段和现代化设施，最大限度延长工程档案的保管寿命。

⑤档案的统计工作，就是通过工程档案数量的积累和数量分析，了解并掌握档案数量变化和质量的情况、业务管理工作上的有关情况及其规律性。

⑥档案的检索工作，即运用一系列专门方法将档案的信息内容进行加工处理，编制各种各样的检索工具（目录），并运用这些检索工具为利用者查找到所需档案。其意义与价值是为开展利用档案信息架设桥梁，锻造并提供打开档案信息宝库的钥匙。

⑦档案的编研工作，编研是一项研究性的工作。其基本任务是对档案内容进行编辑、研究、出版等，将档案信息主动开发提供给社会和水利工程建设者利用。其意义与价值在于拓展档案信息发挥作用的空间范围和时间跨度，充分有效地发掘并实现档案信息的潜在价值，扩大档案工作的社会影响，促进社会对档案工作的认识和了解，增强社会各界的档案意识。

⑧档案的利用工作，即创造各种条件，积极、主动开发档案信息资源，最大限度地满足社会和水利建设事业对档案的利用需求和提供服务。其意义与价值：一是直接实现档案价值，使档案发挥其应有作用；二是沟通档案工作与社会和工程建设的联系，检验评价档案管理工作的总体状况、水平和工作成效。

2. 水利工程档案工作的基本原则

（1）水利工程档案要实行集中统一管理

水利工程档案实行集中统一管理，表现在以下三个方面：

第一，按照档案法的有关规定，国家机关、企事业单位形成的档案，必须按照规定定期向本单位档案机构或者档案工作人员移交，集中统一管理，任何个人和集团不能据为己有。水利工程档案要为水利建设事业服务，为水利各项工作的需要服务。

第二，按照科技档案管理条例按专业分级管理的要求，水利工程档案按工程项目实行集中统一管理。各级水利行政主管部门和水利工程建设项目法人按照国家有关档案工作的统一规定和要求，结合水利工程建设项目的情况和特点，制订本工程系统档案工作的规划、制度和办法，对本系统本工程的档案工作进行指导和监督，保证国家有关档案工作的方针政策在本系统本工程得到贯彻执行。

第三，水利工程档案工作要有统一的管理制度。水利工程档案工作制度是整个水利工程建设和管理制度的一项内容和有机组成部分。

（2）水利工程档案要达到完整、准确、系统和安全

①水利工程档案要完整

水利工程档案的完整，就是要求工程档案资料要齐全成套，不能缺项。如工程建设不同阶段的档案资料要齐全，每个阶段产生的各类档案资料（包括纸质档案、电子档案、声像档案等各种载体材料的档案资料）也要齐全。

水利工程档案是整个工程建设活动的历史记录，它客观反映和客观记录了工程建设的全过程和全部情况，这是工程档案最基本的功能和特征，因此，水利工程档案必须完整。

齐全完整、真实客观的工程档案材料既彼此区别、又互相联系，形成了一个具有严密有机联系的整体，只有通过这个工程档案材料整体，才能反映该项工程的全部情况和历史过程，才能为工程管理提供真实客观的依据和利用。因此，水利工程档案管理工作的重要任务之一，就是要维护这个整体的完整，维护工程档案的齐全成套。

②水利工程档案要准确

水利工程档案要准确，就是要保证工程档案所反映的内容要准确，其中包括文字、数字、图表图形都要准确，特别是竣工图要能准确反映工程建设的实际状况，确保工程档案的质量和真实性。

准确性是对所有科技档案的一个普遍性的要求，但是对工程档案、设备档案、产品档案准确性的要求尤为突出，这是因为这几种档案容易出现失真、失准问题。工程建设项目档案不准确的原因主要有：一是工程中的变化情况，没有在竣工图中得到反映，或没有编

制竣工图；二是工程中一些表格反映的数字有的失真失准；三是工程在管理、使用、维护、改建、扩建过程中的变化情况，没有反映到工程建设档案中。

③水利工程档案必须系统、安全

水利工程档案的系统，就是要求所有应归档的文件材料，应保持其相互之间的有机联系，不能割裂分离、杂乱无章，相关的文件材料要尽量放在一起，特别要注意工程项目文件材料的成套性。维护水利工程档案的安全，就是要注意保护工程档案机密又要防止档案材料的丢失。必须具备符合档案保管要求和条件的档案库房，不断改善和加强保护措施，注意延长工程档案的寿命，防止工程档案遭到损坏、散失，防止档案泄密和丢失。

（3）水利工程档案的有效利用

实现水利工程档案的有效利用，是指要大力开发水利工程档案信息资源，充分发挥工程档案的作用，满足利用者对档案的需要，及时、准确地提供工程档案为社会和水利建设服务，这是水利工程档案工作的出发点和根本目的。档案工作做得是否有成效，主要是用档案工作的社会效益和经济效益来衡量。同时，便于社会和水利建设对工程档案的利用，也是保证工程档案工作得以发展的重要条件。

水利工程档案工作基本原则的三个组成部分，是相互联系又辩证统一的有机整体。水利工程档案实行集中统一管理，才能够达到完整、准确、系统和安全的要求，其最终目的又是为了有效的利用。反过来，有效的利用，有助于促进工程建设者做好工程文件材料的形成、积累、整理和归档工作，更好地实现工程档案的集中统一。所以，应该全面地理解和贯彻执行工程档案工作的三项基本原则。

第二节　水利工程档案案卷划分及归档要求

一、水利工程档案案卷划分及归档内容

同一工程项目的建设管理，各参建单位因其工作职责不同归档内容各异，现分述如下。

（一）勘测设计单位案卷划分及归档内容（见表6-1）

表6-1　勘测设计单位案卷划分及归档内容

卷次	案卷题名	归档内容	备注
第一卷	设计管理及设计文件	1. 设计委托书、合同、协议 2. 设计计划、大纲 3. 总体规划设计 4. 初步设计批复，初步设计及附图 5. 施工图设计批复，施工图设计文件及附图，有关附件和设计变更 6. 设计评价、鉴定及审批 7. 关键技术实验	以单位工程或建筑物为单位组卷
第二卷	设计依据及基础材料（提交案卷目录、卷内目录及光盘）	1. 设计所采用的国家和部委颁布的标准、规范、规定、规程等（提交目录） 2. 工程地质、水文地质资料、地质图 3. 勘察设计、勘察报告、勘察记录、化验、试验报告 4. 重要岩、土样及有关说明 5. 地形、地貌、控制点、建筑物、构筑物及重要设备安装测量定位、观测记录 6. 水文、气象、地震等其他设计基础材料	以单位工程或建筑物为单位组卷
第三卷	照片、录音、录像及电子文件资料	1. 设计审查会议文件及多媒体光盘 2. 设计管理文件、设计文件及附图电子版光盘 3. 照片及数码底片光盘 4. 勘测设计过程及重大活动的原始录像带及编辑后的录像光盘	以单位工程或建筑物为单位组卷
第四卷	其他		

（二）招标（代理）单位案卷划分及归档内容（见表6-2）

表6-2　招标（代理）单位案卷划分及归档内容

卷次	案卷题名	归档内容	备注
第一卷	招标会议文件	1. 《中国采购与招标网》招标公告发布确认函 2. 《中国水利报》招标公告 3. 有关领导讲话 4. 评标委员会成员名单 5. 评标报告 6. 招标人标底 7. 水利工程建设项目评标专家抽取名单 8. 问题澄清通知及答复 9. 答疑文件（须解决的问题） 10. 投标人签到表、报价记录、报价得分计算表、投标人报价得分汇总表 11. 评标委员会审查意见	以招、投、评标会议为单位组卷
第二卷	招标文件	按标段或内容	以标段或单位工程组卷
第三卷	投标文件	按标段或内容	以标段或单位工程组卷
第四卷	招标现场查勘、开标会议照片、录音、录像及电子文件资料	1. 照片及数码底片光盘 2. 原始录像带 3. 编辑后的录像光盘 4. 全部纸质文件电子版光盘	
第五卷	其他		

（三）施工单位案卷划分及归档内容（见表6-3）

表6-3　施工单位案卷划分及归档内容

卷次	案卷题名	归档内容	备注
第一卷	施工管理资料	1. 中标通知书 2. 施工合同、协议及补充合同、协议 3. 工程开（竣）工报告：开（竣）工报告及批复、报审单、质量保证体系报审单、进场设备报验单、建筑材料报验单、施工放样报验单 4. 工程设计交底：工程技术要求、工程设计交底、图纸会审纪要 5. 工程施工进度计划报审单与调整施工进度计划报审单 6. 工程量计量认证资料：工程量计量申报书 7. 停工复工资料：工程暂停通知、复工申请、复工通知 8. 工程联系函：主送业主抄送监理函件、主送监理抄送业主函件 9. 工程款拨付及工程结算资料 10. 档案管理文件、组织框图、计划及考核细则	单位工程组卷
第二卷	施工组织设计与技术方案	1. 工程施工组织设计： （单位）工程施工组织设计报审单 （单位）工程施工组织设计 2. 工程施工技术方案： （分部）工程施工技术方案报审单 （分部）工程施工技术方案 3. 单项工程施工技术方案	单位工程组卷
第三卷	工程材料质量保证资料	1. 钢筋、水泥、沙石料等原材料、成品、半成品出厂合格证及检验或复试报告 2. 原材料、成品、半成品施工现场复检质量鉴定报告或抽样检测试验资料 3. 建筑材料实验报告 4. 材料、零部件、设备代用审批文件	单位工程组卷

续表

卷次	案卷题名	归档内容	备注
第四卷	仪器设备质量保证及安装调试资料	1. 仪器设备出厂合格证、使用说明书、质量保修书 2. 仪器设备开箱检查记录 3. 仪器设备交货验收记录 4. 仪器设备安装记录 5. 仪器设备检测报告 6. 仪器设备调试记录 7. 仪器设备试运转记录 8. 检查建筑物防水层等 9. 其他	单位工程组卷
第五卷	施工试验资料	1. 碾压试验记录 2. 土石方含水量、干密度试验报告 3. 水泥砂浆、混凝土配合比及抗冻、抗渗试验通知单 4. 水泥砂浆、混凝土抗压强度、抗冻、抗渗试验通知单 5. 桩基静载、动力检测实试验报告 6. 高喷板墙围井注水试验报告 7. 管道焊接试验，检查探伤报告 8. 管道密封、压力试验报告 9. 防水工程蓄水、注水试验记录 10. 玻璃幕墙淋水试验记录 11. 其他	单位工程组卷
第六卷	施工测量、基础工程记录资料	1. 施工放线测量记录、施工控制测量记录、竣工测量记录 2. 地基允许承载力复查报告、岩土试验报告、基础处理基础工程施工图、地质描绘图及有关说明 3. 水工建筑物测试及沉陷、位移、变形等观测记录	单位工程组卷

卷次	案卷题名	归档内容	备注
第七卷	施工记录资料	1. 施工记录 2. 交工验收记录（包括单项工程的中间验收） 3. 事故处理报告及重大缺陷处理和处理后的检查记录 4. 其他	单位工程组卷
第八卷	工程质量检测资料	1. 工程质量自检资料 2. 工程质量检测报告（检测单位）	单位工程组卷
第九卷	工程质量评定资料	1. 单位工程质量检验评定表： 　单位工程质量评定表 　单位工程外观质量评定表 　单位工程质量保证资料核查表 2. 分部工程质量评定资料 3. 单元工程质量评定资料 4. 工程检验认可资料：工程报验单、工程检验认可书	单位工程组卷
第十卷	工程验收资料	1. 单位工程验收资料：单位工程验收申请报告 　单位工程验收鉴定书 2. 分部工程验收签证 3. 隐蔽工程验收记录	单位工程组卷
第十一卷	施工工作报告	1. 工程施工管理工作报告（施工小结） 2. 工程施工日记、大事记	单位工程或标段组卷
第十二卷	竣工图	1. 竣工图编制说明 2. 竣工图（含变更设计通知单） 3. 竣工数量表	单位工程组卷
第十三卷	设计变更	设计变更、工程更改洽商单、通知单	单位工程组卷或与竣工图组卷

卷次	案卷题名	归档内容	备注
第十四卷	竣工会议文件	1. 验收请示与批复 2. 会议日程 3. 工程竣工验收报告 4. 设计、施工管理、监理、质量评定、质量监督、建设管理、征地补偿及移民安置 5. 档案资料自检、重大技术问题、运行管理准备工作报告等 6. 竣工结算 7. 竣工验收鉴定书	
第十五卷	照片、录音、录像及电子文件资料	1. 照片及数码底片光盘 2. 编辑后的施工录像资料光盘 3. 原声录像带 4. 全部纸质文件及竣工图光盘	
第十六卷	其他		

（四）设备生产单位案卷划分及归档内容（见表6-4）

表6-4　设备生产单位案卷划分及归档内容

卷次	案卷题名	归档内容	备注
第一卷	仪器设备依据性文件	1. 依据合同设备设计文件及图纸资料 2. 制造、检验、安装的依据性文件	单位工程组卷
第二卷	设备质量保证文件	合同设备、部件（包括分包和外购）在生产过程中试验和总装，范围包括原材料和元器件的进厂、部件的加工、组装试验及出厂试验，经监造工程师确认并签字的记录文件内容包括： （1）主要零件及结构件的材质证明文件、化验与试验报告 （2）主要部件的装配检查记录 （3）设计修改通知单和主要零件及主要结构件的材料待用通知单 （4）产品的预装检查报告 （5）产品出厂试验报告 （6）制造后的竣工图、易损件图、部件装配图及产品维护使用说明书 （7）外构件的合格证 （8）产品出厂试验报告 （9）产品质量检测报告 （10）产品合格证 （11）监理人和技术条款中要求提交的其他材料	单位工程组卷
第三卷	验收交接及安装调试资料	1. 依据合同，现场交验设备的名称、型号规格及数量清单及交接验收工作各方（监理、发包人、承包人）安装单位交接凭证（签字文书） 2. 安装调试记录	单位工程组卷
第五卷	设备随机文件	1. 合同设备、操作手册、维修指南或服务手册等培训的有关资料 2. 设备出厂合格证、质量保修书	单位工程组卷
第六卷	设备生产管理文件	1. 为履行合同各方的往来文件 2. 设备生产大事记	单位工程组卷

续表

卷次	案卷题名	归档内容	备注
第七卷	设备运行（试）与维护	设备安装运行（试）说明书、记录及测定数据、性能鉴定验收记录	单位工程组卷
第八卷	声像资料	1. 生产过程及关键部件质量检测的录像及照片 2. 监造工程师到制造现场和合同规定的其他地方进行察看和查阅加工制造和采购记录及照片 3. 投标文件及提交归档文字材料的光盘	
第九卷	其他	档案管理文件、组织框图、计划及考核细则	

（五）监理单位案卷划分及归档内容（见表6-5）

表6-5　监理单位案卷划分及归档内容

卷次	案卷题名	归档内容	备注
第一卷	监理合同与工程项目划分	1. 监理合同、协议及补充合同、协议 2. 单位工程项目划分的批复	按监理标段汇总
第二卷	监理规划与细则	1. 监理大纲 2. 监理规划 3. 监理实施细则	按监理标段汇总
第三卷	监理指令与来往信函	工程开工令、监理工程师通知、监理工程师联系函、工程暂停通知、工程复工通知、工程移交证书、工程档案移交证书、工程保修责任终止证书等	按监理标段汇总
第四卷	监理抽检资料	监理抽检资料说明、监理抽检、旁站资料	按单位工程汇总

续表

卷次	案卷题名	归档内容	备注
第五卷	监理工作报告会议纪要、月报	1. 监理工作报告或工作总结 2. 监理会议纪要 3. 监理月报 4. 监理大事记 5. 旁站监理日记	按单位工程或监理标段汇总
第六卷	照片、录像	旁站监理、抽检、重大活动、工程验收的照片集录像	
说明	1. 移民与专项设施迁移，由移民监理单位负责收集整理与移交反映专项设施迁移与补偿的文字、照片、录像带等各种载体的档案资料。内容包括：专项设施迁移前、后及迁移过程的照片、录像，专项设施迁移与补偿总结、批复的专项设施迁移与补偿方案和预算、各市建管机构上报专项设施迁移与补偿方案请示及迁移与补偿的协议；历次计量支付资料；移民与专项设施迁移的监理日记、大事记等 2. 监理工作所形成的文件材料均执行《水利工程建设项目施工监理规范》 3. 监理包括：施工监理、设备制造监理、移民监理、专项设施迁移监理等		按监理合同或单位工程组卷

（六）项目法人案卷划分及归档内容（见表6-6）

表6-6　项目法人案卷划分及归档内容

卷次	案卷题名	归档内容	备注
第一卷	合同、协议	以项目法人名义签订的合同、委托书及协议及附件、补充资料（含合同送审单）	以单位工程（事项）为单位组卷
第二卷	年度投资计划	省发改委、水利厅下发的年度投（筹）资计划（方案）；建管局下发的投资计划	以年度为单位组卷
第三卷	年度完成投资计划	年度完成投资计划情况	以年度为单位组卷
第四卷	工程概算、预算、结（决）算	工程概算、预算、结（决）算	以单位工程组卷
第五卷	土地征用及地面附着物补偿	工程建设用地批复文件及红线图（包括土地使用证）；地面附着物补偿资料，临时占地批复文件	以行政区划为单位组卷
第六卷	审计文件	接受上级行政主管部门审计文件及审计结论	以审计单位为单位组卷
第七卷	专题汇报材料	专题汇报材料	以年度为单位组卷
第八卷	专题会议	专题会议	以年度为单位组卷
第九卷	专题会议	专题会议	以年度为单年组卷
第十卷	专题考察、调研报告	专题考察、调研报告	以课题为单位组卷
第十一卷	科研资料	成果申报、鉴定、审批及推广应用材料	以年度为单位组卷
第十二卷	工程建设管理文件	工程建设管理文件及工程施工进度	以年度为单位组卷
第十三卷	照片及录像资料	历次专题、专业会议、专题考察、调研报告及想关领导到工地检查工作等重大活动形成的照片及录像等	以年度为单位组卷

（七）项目法人单位案卷划分及归档内容（见表6-7）

表6-7　项目法人单位案卷划分及归档内容

卷次	案卷题名	归档内容	备注
第一卷	前期文件	1. 建设用地规划许可证 2. 建设工程规划设计条件通知书 3. 建设工程规划许可证 4. 工程建设项目报建证 5. 人民防空工程结建证 6. 建设工程有关部门审核意见 7. 建设项目环境影响登记表 8. 工程建设用地批复文件及红线图（包括土地使用证）地面附着物补偿资料 9. 有关土地使用及建房的合同协议	以建设项目为单位组卷
第二卷	可研报告	1. 可行性研究报告批复 2. 可行性研究报告	以建设项目为单位组卷
第三卷	设计文件	施工图设计文件及设计附图，工程概算、预算	以建设项目为单位组卷
第四卷	招投标文件	1. 招、投标文件 2. 招投标会议文件	以建设项目为单位组卷
第五卷	施工资料	参见施工单位案卷划分及归档内容	以建设项目为单位组卷
第六卷	设备资料	参见设备生产单位案卷划分及归档内容	以建设项目为单位组卷
第七卷	监理资料	参见监理单位案卷划分及归档内容	以建设项目为单位组卷
第八卷	建设管理文件	1. 年度投（筹）资计划（方案） 2. 年度完成投资计划情况 3. 工程施进度 4. 会议纪要与记录	以建设项目为单位组卷
第九卷	声像资料	1. 照片及数码底片 2. 录像资料 3. 纸质文件、光盘	以建设项目为单位组卷
第十卷	其他		

二、水利工程档案资料组卷及整编要求

（一）依据

1. 《科学技术档案案卷构成的一般要求》。
2. 《纸质档案数字化技术规范》。

（二）工作目标

实现水利工程档案案卷质量的标准化、规范化、数字化。

（三）组卷及整编要求

1. 组织案卷

（1）组卷案卷

案卷是由互有联系的若干文件组合而成的档案保管单位。组成案卷要遵循文件的形成规律，保持案卷内文件材料的有机联系，相关的文件材料应尽量放在一起，便于档案的保管和利用。做到组卷规范、合理，符合国家或行业标准要求。

（2）组卷要求

①案卷内文件材料必须准确反映工程建设与管理活动的真实内容。

②案卷内文件材料应是原件，要齐全、完整，并有完备的签字（章）手续。

③案卷内文件材料的载体和书写材料应符合耐久性要求。不应用热敏纸及铅笔、圆珠笔、红墨水、纯蓝墨水、复写纸等书写（包括拟写、修改、补充、注释或签名）。

④归档目录与归档文件关系清晰，各类目设置清楚，能反映工程特征和工程实况。

（3）组卷方法

根据水利工程文件材料归档范围，划分文件材料的类别，按文件种类组卷。并应注意单位工程的成套性，分部工程的独立性，应在分部工程的基础上，做好单位工程的立卷归档工作。同一类型的文件材料以分部或单位工程组卷，如工程质量评定资料以分部工程组卷，竣工图以单位工程或不同专业组卷；管理性文件材料以标段或项目组卷。

2. 案卷和案卷内科技文件材料的排列

卷内文件要排列有序，工程文件材料及各类专门档案材料的卷内排列次序，可先按不同阶段分别组成案卷，再按时间顺序排列案卷。

（1）基建类案卷按项目依据性材料、基础性材料、工程设计（含初步设计、技术设计、施工图设计）、工程施工、工程监理、工程竣工验收、调度运行等排列。

（2）科研类案卷按课题准备立项阶段、研究实验阶段、总结鉴定阶段、成果申报奖励和推广应用等阶段排列。

（3）设备类案卷按设备依据性材料、外购设备开箱验收（自制设备的设计、制造、验收）、设备生产、设备安装调试、随机文件材料、设备运行、设备维护等排列。

（4）案卷内管理性文件材料按问题、时间或重要程度排列。并以件为单位装订、编号及编目，一般正文与附件为一件，正文在前，附件在后；正本与定稿为一件，正本在前，定稿在后，依据性材料（如请示、领导批示及相关的文件材料）放在定稿之后；批复与请示为一件，批复在前，请示在后；转发文与被转发文为一件，转发文在前，被转发文在后；来文与复文为一件，复文在前，来文在后；原件与复制件为一件，原件在前，复制件在后；会议文件按分类以时间顺序排序。

（5）文字材料在前，图样在后。

（6）竣工图按专业、图号排列。

3. 案卷的编制

（1）案卷封面及脊背的编制。①案卷封面与脊背的案卷题名、档号、保管期限应一致。案卷题名应简明、准确地揭示卷内科技文件材料的内容。②立卷（编制）单位：填写负责文件材料组卷的部门。③起止日期：填写案卷内科技文件材料形成的起止日期。④档号：档案的编号填写档案的分类号、项目号和案卷顺序号。⑤档案馆号：填写国家档案行政管理部门赋予的档案馆代码。⑥案卷封面及脊背的尺寸及字体要求见附件，由项目法人统一制作。

（2）卷内科技文件材料页号的编写。①案卷内文件材料均以有书写内容的页面编写页号，逐页用打码机编号，不得遗漏或重号。②单面书写的文件材料在其右下角编写页号；双面书写的文件材料，正面在其右。③印刷成册的文件材料，自成一卷的，原目录可代替卷内目录，不必重新编写页号；与其他文件材料组成一卷的，应排在卷内文件材料最后，将其作为一份文件填写卷内目录，不必重新编写页号，但需要在卷内备考表中说明并注明总页数。④卷内目录、卷内备考表不编写页号。

（3）卷内目录的编制。卷内目录是登录卷内文件题名及其他特征并固定文件排列次序的表格，排列在卷内文件之前。①序号：卷内文件材料件数的顺序用阿拉伯数字从"1"起依次标注。②文件编号：填写文件材料的文号或图纸的图号。③责任者：填写文件材料的形成部门或主要责任者。④文件材料题名：填写文件材料标题的全称，不要随意更改或简化：没有标题的应拟写标题外加"□"号；会议记录应填写主要议题。⑤日期：填写文件材料的形成日期。如 2003 年 12 月 19 日可填为"20031219"。

⑥页号：填写每件文件材料首尾页上标注的页号。

（4）卷内备考表的编制。①卷内备考表是卷内文件状况的记录单，排列在卷内目录之后。②卷内备考表要注明案卷内文件材料的件数、页数以及在组卷和案卷提供使用过程中需要说明的问题；应有责任立卷人和案卷质量审核人签名；应填写完成立卷和审核的日期。③互见号应填写反映同一内容而形式不同且另行保管的档案保管单位的档号。档号后应注明档案载体形式，并用括号括起来。

4. 案卷的装订

（1）文件材料应胶（线）装（采用三孔一线方法装订）去掉金属物；破损的文件材料要先修复。不易修复的应复制，与原件一并立卷；剔除空白纸和重复材料。

（2）案卷内不同幅面的文件材料要折叠为同一幅面，幅面一般采用国际标准 A4 型（297mm×216mm）。

（3）不装订的案卷，应在每份文件材料的右上角加盖号章，逐件编件号；填写卷内目录，顺序排列。

5. 图样的整编

图样案卷一般采用不装订，图样幅面统一按国际标准 A4 型以手风琴式正反来回折叠，标题栏露在右下角。并在图样的标题栏框上空白处加盖档号章，逐件编件号。填写卷内目录，顺序排列。

6. 照片档案

依据《照片档案管理规范》对照片进行归档。

（1）归档内容同单位工程录像拍摄内容。

（2）照片说明的编写方法和要求。①文字说明应准确概括地揭示照片内容，一般不超过 200 字，其成分包括事由、时间、地点、人物（姓名、身份）、背景、摄影者等六要素；时间用阿拉伯数字表示。②总说明和分说明：一般应以照片的自然张为单元编写说明，一组（若干张）联系密切的照片应加总说明；凡已加总说明的照片分别编写简要的分说明，并注＊号。

（3）照片的整理方法。①分类：一般应在全宗内按年代/问题进行分类。分类应保持前后一致，不能随意变动。②根据分类情况组卷：将照片与说明一起固定在 A4 芯页正面，案卷芯页以十五页左右适宜，并附卷内目录与卷内备考表。③卷内目录：以照片的自然张或有总说明的若干张为单元填写卷内目录；照片号即案卷内照片的顺序号；照片题名在尽量保证基本要素内容完整的前提下，将文字说明改写成照片名称，一般不应超过 56 字。参见号即与本张（组）照片有联系的其他档案的档号。

7. 磁性载体档案

磁性载体档案主要包括录音带、录像带、幻灯片、磁盘、影视胶片、缩微胶片、光盘等不同载体的文件材料。它与纸质载体的文件材料同为水利工程档案的重要组成部分。为保持各类载体档案之间的有机联系，其分类方案对应纸质档案，附以年度+载体档案+保管单位。

8. 电子文件

（1）执行《纸质档案数字化技术规范》。

（2）执行《电子文件归档与管理规范》。

（3）归档的电子文件应使用不可擦除型光盘；无病毒、划伤，能正常被计算机识别、运行，并能准确输出，附内容说明。

9. 档案装具

照片、磁性载体档案及电子文件保管所用装具及保管条件一律执行国家统一标准、规定。各合同单位所提交档案资料所用档案盒、档案脊背、相册、光盘及标签等均由项目法人单位统一提供，费用自负。

三、水利工程档案的分类编号

（一）水利工程档案的分类

分类就是根据事物的本质属性所进行的划分，是将事物的共同点和不同点加以区分的一种逻辑方法。

水利工程档案的分类，就是根据水利工程档案的内容性质和相互联系，把工程档案划分成一定的类别，从而使库藏全部工程档案形成一个具有从属关系的不同等级的有一定规律的系统。

（二）分类方案的编制

1. 根据工程档案管理工作职责和档案整理工作的原则，在通盘考虑整个工程应当形成的全部工程文件材料的基础上，由项目法人按照工程档案分类编制原则和方法，负责编制本工程分类分案，实行统一的分类标准。

2. 在充分反映水利工程档案的形成内容和特点的前提下，确定以工程项目为分类体系，把同一个工程档案的管理性和业务性材料集中在一起，考虑到工程项目和建设阶段属性的不同，按照从总到分，从一般到具体的原则划分，做到类目排列，档号结构符合逻辑原则，同位类目之间界限清楚，不相互交叉和包容。

3. 为了方便掌握使用，水利工程档案分类方案应在类目名称、档号模式、标识符号等方面，采用汉语拼音和阿拉伯数字相结合的混合编号办法，力求做到准确、简明、易懂、好记。

4. 水利工程档案分类方案一般由编制说明和一级类目表（按工程项目分类）、二级类目表（按建设阶段分类）三部分组成。

第三节　水利工程档案验收

水利工程档案验收，是工程竣工验收的重要组成部分。各类归档卷（竣工验收会议除外）及工程录像资料应作为工程验收的有机部分置于竣工验收会议现场接受审查。各单位（阶段）工程项目由组织工程验收单位的档案人员参加，并写出包括评定等级在内的档案验收意见。档案资料验收根据不同阶段，按以下程序进行：

一、单位工程完（竣）工验收

1. 施工及设备制造单位提出书面工程预付款申请或验收（交付设备）前15天，应按归档要求完成档案资料的整理工作，进行全面自查，项目监理人员对施工单位全部档案资料的内容及整理质量进行全面检查、把关签署审查意见后，按统一格式写出自检报告（含电子版），连同拟归档的档案文件正本（原件）一并上报审核项目法人。

2. 监理单位对其形成的监理档案按归档要求进行整理，按统一格式写出自检报告（含电子版），连同拟归档的档案文件正本一并上报项目法人。

3. 负责汇总的监理单位负责收集、汇总各监理单位的工程档案，与工程项目监理档案重复的只提交卷内目录。编制案卷目录（含电子版），按合同规定移交项目法人。

4. 项目法人档案管理部门会同建管部门的工程技术人员对档案资料的整理质量及内容进行审核，报项目质量监督站审定通过后，归档单位按要求完成副本制作、扫描刻录光盘后，由项目法人档案管理部门出具档案合格书面证明，方可进行工程验收。

5. 建设、设计、施工、监理、质量监督与检测、质检等单位在提交工作报告的同时均应制作成多媒体，并刻录成光盘，现场汇报后归档。

6. 工程验收时，在验收小组的领导下，由项目法人、质量监督、监理、施工等单位的档案管理人员组成档案验收组，对档案进行审查与验收，评定档案质量等级，提出验收专题报告，其主要内容要写入工程验收鉴定书中。

二、全部工程竣工验收（包括初步验收）

工程竣工验收前三个月，在完成各类文件材料、全套竣工图的组卷、分类、编号及填写案卷目录后，由项目法人组织施工、设计、监理等各单位的项目负责人、工程技术人员和档案管理人员，对工程档案的完整性、系统性、准确性、规范性，进行全面检查，并进行档案质量等级自评，写出自检报告。经上级主管部门审核同意后，向验收主管部门报送《XXX 工程档案验收申请表》。档案资料验收提前于工程竣工验收，并于工程竣工验收前完成档案资料的整改。验收专题报告作为工程竣工验收鉴定书的附件，其主要内容要反映到鉴定书中。档案资料自检报告及验收报告应包括以下内容：

1. 档案资料工作概况：工程概况及档案管理情况；档案资料工作管理体制（包括机构、人员等）和档案保管条件（包括库房、设备等）；档案资料的形成、积累、整理（立卷）与归档工作情况，其中包括项目单位、单项工程数和产生档案资料各种载体总数（卷、册、张、盘）。

2. 竣工图的编制情况与质量。

3. 档案资料的移交情况，并注明已移交的卷（册）数、图纸张数等有关数字。

4. 对档案资料完整、准确、系统、安全性以及整体案卷的质量进行评价，档案资料在施工、试运行中的作用情况。

5. 档案资料管理工作中存在的问题、解决措施及对整个工程建设项目验收产生的影响。

三、归档资料的移交

必须填写档案移交表，必须编制档案交接案卷及卷内目录，交接双方应认真核对目录与实物，并由经办人、负责人签字、加盖单位公章确认。分以下情况，在规定的时间内办理交接手续。

1. 勘测设计单位及业务代理机构应归档的档案资料在提交设计成果和代理工作结束一周内移交项目法人。

2. 单位工程施工、监理、质量监督与检测档案资料在完（竣）工验收会议结束一周内移交项目法人。

3. 设备生产单位档案资料在设备交货验收的一周内移交项目法人。

4. 文书档案办理完毕后立卷归档于次年 6 月底前移交。

5. 照片、录像、录音资料：在每次会议或活动结束后由摄影、摄像者整理 10 日内交相应的档案管理部门归档。

四、归档套（份）数

勘测设计、施工、监理、委托代理、质量监督与检测等归档单位所提交的各种载体的档案应不少于三套。其中正本（原件）报项目法人一套，涉及的各级建管单位各一套，只有一份原件时，原件由产权单位保存，多家产权的由投资多的一方保管原件，其他单位保管复印件。

第七章　水利工程施工安全管理

第一节　施工安全概述

一、安全管理概念

安全生产是指生产过程处于避免人身伤害、设备损坏及其他不可接受的损害风险（危险）的状态。不可接受的损害风险（危险）是指：超出了法律、法规和规章的要求，超出了方针、目标和企业规定的其他要求，超出了人们普遍接受的要求。建筑工程安全生产管理是指建设行政主管部门、建筑安全监督管理机构、建筑施工企业及有关单位对建筑安全生产过程中的安全工作，进行计划、组织、指挥、控制、监督、调节和改进等一系列致力于满足生产安全的管理活动。

（一）建筑工程安全生产管理的特点

1. 安全生产管理涉及面广、涉及单位多

由于建筑工程规模大，生产工艺复杂、工序多，在建造过程中流动作业多、高处作业多，作业位置多变，遇到不确定因素多，所以安全管理工作涉及范围大，控制面广。安全管理不仅是施工单位的责任，还包括建设单位、勘察设计单位、监理单位，这些单位也要为安全管理承担相应的责任和义务。

2. 安全生产管理动态性

（1）由于建筑工程项目的单件性，使得每项工程所处的条件不同，所面临的危险因素和防范也会有所改变。

（2）工程项目的分散性。

施工人员在施工过程中，分散于施工现场的各个部位，当他们面对各种具体的生产问题时，一般依靠自己的经验和知识进行判断并做出决定，从而增加了施工过程中由不安全行为而导致事故的风险。

3. 安全生产管理的交叉性

建筑工程项目是开放系统，受自然环境和社会环境影响很大，安全生产管理需要把工程系统和环境系统及社会系统相结合。

4. 安全生产管理的严谨性

安全状态具有触发性，安全管理措施必须严谨，一旦失控，就会造成损失和伤害。

（二）建筑工程安全生产管理的方针

"安全第一"是建筑工程安全生产管理的原则和目标，"预防为主"是实现安全第一的最重要手段。

（三）建筑工程安全管理的原则

1. "管生产必须管安全"的原则。一切从事生产、经营的单位和管理部门都必须管安全，全面开展安全工作。

2. "安全具有否决权"的原则。安全管理工作是衡量企业经营管理工作好坏的一项基本内容，在对企业进行各项指标考核时，必须首先考虑安全指标的完成情况。安全生产指标具有一票否决的作用。

3. 职业安全卫生"三同时"的原则。"三同时"指建筑工程项目其劳动安全卫生设施必须符合国家规范规定的标准，必须与主体工程同时设计、同时施工、同时投入生产和使用。

（四）安全生产责任制度

安全生产责任制度是建筑生产中最基本的安全管理制度，是所有安全规章制度的核心。安全生产责任制度是指将各种不同的安全责任落实到具体安全管理的人员和具体岗位人员身上的一种制度。这一制度是安全第一、预防为主的具体体现，是建筑安全生产的基本制度。

（五）安全生产目标管理

安全生产目标管理就是根据建筑施工企业的总体规划要求，制定出在一定时期内安全生产方面所要达到的预期目标并组织实现此目标。其基本内容是：确定目标、目标分解、执行目标、检查总结。

（六）施工组织设计

施工组织设计是组织建设工程施工的纲领性文件，是指导施工准备和组织施工的全面性的技术、经济文件，是指导现场施工的规范性文件。施工组织设计必须在施工准备阶段完成。

（七）安全技术措施

安全技术措施是指为防止工伤事故和职业病的危害，从技术上采取的措施。在工程施工中，是指针对工程特点、环境条件、劳力组织、作业方法、施工机械、供电设施等制定的确保安全施工的措施。

安全技术措施也是建设工程项目管理实施规划或施工组织设计的重要组成部分。

（八）安全技术交底

安全技术交底是落实安全技术措施及安全管理事项的重要手段之一。重大安全技术措施及重要部位的安全技术由公司负责人向项目经理部技术负责人进行书面的安全技术交底；一般安全技术措施及施工现场应注意的安全事项由项目经理部技术负责人向施工作业班组、作业人员做出详细说明，并经双方签字认可。

（九）安全教育

安全教育是实现安全生产的一项重要基础工作，它可以提高职工搞好安全生产的自觉性、积极性和创造性，增强安全意识，掌握安全知识，提高职工的自我防护能力，使安全规章制度得到贯彻执行。安全教育培训的主要内容有：安全生产思想、安全知识、安全技能、安全操作规程标准、安全法规、劳动保护和典型事例。

（十）班组安全活动

班组安全活动是指在上班前由班组长组织并主持，根据本班目前工作内容，重点介绍安全注意事项、安全操作要点，以达到组员在班前掌握安全操作要领，提高安全防范意识，减少事故发生的活动。

（十一）特种作业

特种作业是指在劳动过程中容易发生伤亡事故，对操作者本人，尤其对他人和周围设施的安全有重大危害因素的作业。直接从事特种作业者，称特种作业人员。

（十二）安全检查

安全检查是指建设行政主管部门、施工企业安全生产管理部门或项目经理，对施工企业和工程项目经理部贯彻国家安全生产法律及法规的情况、安全生产情况、劳动条件、事故隐患等进行的检查。

（十三）安全事故

安全事故是人们在进行有目的的活动中，发生了违背人们意愿的不幸事件，使其有目的的行动暂时或永久停止。重大安全事故，是指在施工过程中由于责任过失造成工程倒塌或废弃、机械设备破坏和安全设施失当造成人身伤亡或者重大经济损失的事故。

（十四）安全评价

安全评价是采用系统科学的方法，辨别和分析系统存在的危险性并根据其形成事故的风险大小，采取相应的安全措施，以达到系统安全的过程。安全评价的基本内容有：识别危险源、评价风险、采取措施，直到达到安全目标。

（十五）安全标志

安全标志由安全色、几何图形符号构成，以此表达特定的安全信息。其目的是引起人们对不安全因素的注意，预防事故的发生。安全标志分为禁止标志、警告标志、指令标志、提示性标志四类。

二、工程施工特点

建筑业的生产活动危险性大，不安全因素多，是事故多发行业。建筑施工的特点主要是：

1. 工程建设最大的特点就是产品固定，这是它不同于其他行业的根本点，建筑产品是固定的，体积大、生产周期长。建筑物一旦施工完毕就固定了，生产活动都是围绕着建筑物、构筑物来进行的，有限的场地上集中了大量的人员、建筑材料、设备零部件和施工机具等，这样的情况可以持续几个月或一年，有的甚至需要七八年，工程才能完成。

2. 高处作业多，工人常年在室外操作。一栋建筑物从基础、主体结构到屋面工程、室外装修等，露天作业约占整个工程的70%。现在的建筑物一般都在7层以上，绝大部分工人都在十几米或几十米的高处从事露天作业。工作条件差，且受到气候条件多变的影响。

3. 手工操作多，繁重的劳动消耗大量体力。建筑业是劳动密集型的传统行业之一，大多数工种需要手工操作。近几年来，墙体材料有了改革，出现了大模、滑模、大板等施工工艺，但就全国来看，绝大多数墙体仍然是使用黏土砖、水泥空心砖和小砌块砌筑。

4. 现场变化大。每栋建筑物从基础、主体到装修，每道工序都不同，不安全因素也就不同，即使同一工序由于施工工艺和施工方法不同，生产过程也不同。而随着工程进度的推进，施工现场的施工状况和不安全因素也随之变化。为了完成施工任务，要采取很多临时性措施。

5. 近年来，建筑任务已由以工业为主向以民用建筑为主转变，建筑物由低层向高层发展，施工现场由较为宽阔的场地向狭窄的场地变化。施工现场的吊装工作量增多，垂直运输的办法也多了，多采用龙门架（或井字架）、高大旋转塔吊等。随着流水施工技术和网络施工技术的运用，交叉作业也随之大量增加，木工机械如电平刨、电锯普遍使用。因施工条件变化，伤亡类别增多。过去是"钉子扎脚"等小事故较多，现在则是机械伤害、高处坠落、触电等事故较多。

建筑施工复杂，加上流动分散、工期不固定，比较容易形成临时观念，不采取可靠的安全防护措施，存在侥幸心理，伤亡事故必然频繁发生。

第二节　施工安全因素

事故潜在的不安全因素是造成人的伤害、物的损失事故的先决条件，各种人身伤害事故均离不开物与人这两个因素。人的不安全行为和物的不安全状态，是造成绝大部分事故的两个方面潜在的不安全因素，通常也可称作事故隐患。

一、安全因素特点

安全是在人类生产过程中，将系统的运行状态对人类的生命、财产、环境可能产生的损害控制在人类能接受水平以下的状态。安全因素的定义就是在某一指定范围内与安全有关的因素。水利水电工程施工安全因素有以下特点：

1. 安全因素的确定取决于所选的分析范围，此处分析范围可以指整个工程，也可以针对具体工程的某一施工过程或者某一部分的施工，例如围堰施工、升船机施工等。

2. 安全因素的辨识依赖于对施工内容的了解，对工程危险源的分析以及运作安全风险评价的人员的安全工作经验。

3. 安全因素具有针对性，并不是对于整个系统事无巨细的考虑，安全因素的选取具有一定的代表性和概括性。

4. 安全因素具有灵活性，只要能对所分析的内容具有一定概括性，能达到系统分析的效果的，都可成为安全因素。

5. 安全因素是进行安全风险评价的关键点，是构成评价系统框架的节点。

二、安全因素辨识过程

安全因素是进行风险评价的基础，人们在辨识出的安全因素的基础上，进行风险评价框架的构建。在进行水利水电工程施工安全因素的辨识时，首先对工程施工内容和施工危险源进行分析和了解，在危险源的认知基础上，以整个工程为分析范围，从管理、施工人员、材料、危险控制等各个方面结合以往的安全分析危险，进行安全因素的辨识。

宏观安全因素辨识工作需要收集以下资料：

（一）工程所在区域状况

1. 本地区有无地震、洪水、浓雾、暴雨、雪害、龙卷风及特殊低温等自然灾害？

2. 工程施工期间如发生火药爆炸、油库火灾爆炸等对邻近地区有何影响？

3. 工程施工过程中如发生大范围滑坡、塌方及其他意外情况对行船、导流、行车等有无影响？

4. 附近有无易燃、易爆、毒物泄漏的危险源，对本区域的影响如何？是否存在其他类型的危险源？

5. 工程建设过程中排土、排渣是否会形成公害或对本工程及友邻工程进行产生不良影响？

6. 公用设施如供水、供电等是否充足？重要设施有无备用电源？

7. 本地区消防设备和人员是否充足？

8. 本地区医院、救护车及救护人员等配置是否适当？有无现场紧急抢救措施？

（二）安全管理情况

1. 安全机构、安全人员设置满足安全生产要求与否？

2. 怎样进行安全管理的计划、组织协调、检查、控制工作？

3. 对施工队伍中各类用工人员是否实行了安全一体化管理？

4. 有无安全考评及奖罚方面的措施？

5. 如何进行事故处理？同类事故发生情况如何？

6. 隐患整改如何？

7. 是否制订切实有效且操作性强的防灾计划？领导是否经常过问？关键性设备、设施是否定期进行试验、维护？

8. 整个施工过程是否制定完善的操作规程和岗位责任制？实施状况如何？

9. 程序性强的作业（如起吊作业）及关键性作业（如停送电、放炮）是否实行标准化作业？

10. 是否进行在线安全训练？职工是否掌握必备的安全抢救常识和紧急避险、互救知识？

（三）施工措施安全情况

1. 是否设置了明显的工程界限标志？

2. 有可能发生塌陷、滑坡、爆破飞石、吊物坠落等危险场所是否标定合适的安全范围并设有警示标志或信号？

3. 友邻工程施工中在安全上相互影响的问题是如何解决的？

4. 特殊危险作业是否规定了严格的安全措施？能强制实施否？

5. 可能发生车辆伤害的路段是否设有合适的安全标志？

6. 作业场所的通道是否良好？是否有滑倒、摔伤的危险？

7. 所有用电设施是否按要求接地、接零？人员可能触及的带电部位是否采取有效的保护措施？

8. 可能遭受雷击的场所是否采取了必要的防雷措施？

9. 作业场所的照明、噪声、有毒有害气体浓度是否符合安全要求？

10. 所使用的设备、设施、工具、附件、材料是否具有危险性？是否定期进行检查确认？有无检查记录？

11. 作业场所是否存在冒顶片帮或坠井、掩埋的危险性？曾经采取了何等措施？

12. 登高作业是否采取了必要的安全措施（可靠的跳板、护栏、安全带等)？

13. 防、排水设施是否符合安全要求？

14. 劳动防护用品适应作业要求之情况，发放数量、质量、更换周期满足要求与否？

（四）油库、炸药库等易燃、易爆危险品

1. 危险品名称、数量、设计最大存放量。

2. 危险品化学性质及其燃点、闪点、爆炸极限、毒性、腐蚀性等了解与否？

3. 危险品存放方式（是否根据其用途及特性分开存放）？

4. 危险品与其他设备、设施等之间的距离、爆破器材分放点之间是否有殉爆的可能性？

5. 存放场所的照明及电气设施的防爆、防雷、防静电情况。

6. 存放场所的防火设施配置消防通道否？有无烟、火自动检测报警装置？

7. 存放危险品的场所是否有专人 24 小时值班，有无具体岗位责任制和危险品管理制度？

8. 危险品的运输、装卸、领用、加工、检验、销毁是否严格按照安全规定进行？

9. 危险品运输、管理人员是否掌握火灾、爆炸等危险状况下的避险、自救、互救的知识？是否定期进行必要的训练？

（五）起重运输大型作业机械情况

1. 运输线路里程、路面结构、平交路口、防滑措施等情况如何？

2. 指挥、信号系统情况如何？信息通道是否存在干扰？

3. 人—机系统匹配有何问题？

4. 设备检查、维护制度和执行情况如何？是否实行各层次的检查？周期多长？是否实行定期计划维修？周期多长？

5. 司机是否经过作业适应性检查？

6. 过去事故情况如何？

以上这些因素均是进行施工安全风险因素识别时需要考虑的主要因素。实际工程中须考虑的因素可能比上述因素还要多。

三、施工过程行为因素

采用 HFACS（人为因素分析系统）框架对导致工程施工事故发生的行为因素进行分析。对标准的 HFACS 框架进行修订，以适应水电工程施工实际的安全管理、施工作业技术措施、人员素质等状况。框架的修改遵循四个原则：

第一，删除在事故案例分析中出现频率极少的因素，包括对工程施工影响较小和难以在事故案例中找到的潜在因素。

第二，对相似的因素进行合并，避免重复统计，从而无形之中提高类似因素在整个工程施工当中的重要性。

第三，针对水电工程施工的特点，对因素的定义、因素的解释和其涵盖的具体内容进行适当的调整。

第四，HFACS 框架是从国外引进的，将部分因素的名称加以修改，以更贴切我国工程施工安全管理业务的习惯用语。

对标准 HFACS 框架修改如下。

（一）企业组织影响（L4）

企业（包括水电开发企业、施工承包单位、监理单位）组织层的差错属于最高级别的差错，它的影响通常是间接的、隐性的，因而常会被安全管理人员所忽视。在进行事故分析时，很难挖掘出企业组织层的缺陷；而一经发现，其改正的代价也很高，但是却更能加强系统的安全。一般而言，组织影响包括三个方面：

1. 资源管理

主要指组织资源分配及维护决策存在的问题，如安全组织体系不完善、安全管理人员配备不足、资金设施等管理不当、过度削减与安全相关的经费（安全投入不足）等。

2. 安全文化与氛围

可以定义为影响管理人员与作业人员绩效的多种变量，包括组织文化和政策，比如信息流通传递不畅、企业政策不公平、只奖不罚或滥奖、过于强调惩罚等都属于不良的文化与氛围。

3. 组织流程

主要涉及组织经营过程中的行政决定和流程安排，如施工组织设计不完善、企业安全管理程序存在缺陷、制定的某些规章制度及标准不完善等。

其中，"安全文化与氛围"这一因素，虽然在提高安全绩效方面具有积极作用，但不好定性衡量，在事故案例报告中也未明确指明，而且在工程施工各类人员成分复杂的结构当中，其传播较难有一个清晰的脉络。为了简化分析过程，将该因素去除。

（二）安全监管（L3）

1. 监督（培训）不充分

指监督者或组织者没有提供专业的指导、培训、监督等。若组织者没有提供充足的CRM 培训，或某个管理人员、作业人员没有这样的培训机会，则班组协同合作能力将会大受影响，出现差错的概率必然增加。

2. 作业计划不适当

包括这样几种情况，班组人员配备不当，如没有职工代班，没有提供足够的休息时间，任务或工作负荷过量。整个班组的施工节奏以及作业安排由于赶工期等原因安排不当，会使得作业风险加大。

3. 隐患未整改

指的是管理者知道人员、培训、施工设施、环境等相关安全领域的不足或隐患之后，仍然允许其持续下去的情况。

4. 管理违规

指的是管理者或监督者有意违反现有的规章程序或安全操作规程，如允许没有资格、未取得相关特种作业证的人员作业等。

以上四项因素在事故案例报告中均有体现，虽然相互之间有关联，但各有差异，彼此独立，因此，均加以保留。

（三）不安全行为的前提条件（L2）

这一层级指出了直接导致不安全行为发生的主客观条件，包括作业人员状态、环境因素和人员因素。将"物理环境"改为"作业环境"，"施工人员资源管理"改为"班组管理"，"人员准备情况"改为"人员素质"。定义如下：

1. 作业环境

既指操作环境（如气象、高度、地形等），也指施工人员周围的环境，如作业部位的高温、振动、照明、有害气体等。

2. 技术措施

包括安全防护措施、安全设备和设施设计、安全技术交底的情况，以及作业程序指导书与施工安全技术方案等一系列情况。

3. 班组管理

属于人员因素，常为许多不安全行为的产生创造前提条件。未认真开展"班前会"及搞好"预知危险活动"；在施工作业过程中，安全管理人员、技术人员、施工人员等相互间信息沟通不畅、缺乏团队合作等问题属于班组管理不良。

4. 人员素质

包括体力（精力）差、不良心理状态与不良生理状态等生理心理素质，如精神疲劳，失去情境意识，工作中自满、安全警惕性差等属于不良心理状态；生病、身体疲劳或服用药物等引起生理状态差，当操作要求超出个人能力范围时会出现身体、智力局限，同时为安全埋下隐患，如视觉局限、休息时间不足、体能不适应等；以及没有遵守施工人员的休息要求、培训不足、滥用药物等属于个人准备情况的不足。

将标准 HFACS 的"体力（精力）限制"、"不良心理状态"与"不良生理状态"合并，是因为这三者可能互相影响和转换。"体力（精力）限制"可能会导致"不良心理状态"与"不良生理状态"，此处便产生了重复，增加了心理和生理状态在所有因素当中的比重。同时，"不良心理状态"与"不良生理状态"之间也可能相互转化，由于心理状态的失调往往会带来生理上的伤害，而生理上的疲劳等因素又会引起心理状态的变化，两者相辅相成，常常是共同存在的。此外，没有充分的休息、滥用药物、生病、心理障碍也可以归结为人员准备不足，因此，将"体力（精力）限制""不良心理状态"与"不良生理状态"合并至"人员素质"。

（四）施工人员的不安全行为（L1）

人的不安全行为是系统存在问题的直接表现。将这种不安全行为分成三类：知觉与决策差错、技能差错以及操作违规。

1. 知觉与决策差错

"知觉差错"和"决策差错"通常是并发的，由于对外界条件、环境因素以及施工器械状况等现场因素感知上产生的失误，进而导致做出错误的决定。决策差错指由于经验不足，缺乏训练或外界压力等造成，也可能理解问题不彻底，如紧急情况判断错误，决策失败等。知觉差错指一个人的感知觉和实际情况不一致，就像出现视觉障碍和空间定向障碍一样，可能是由于工作场所光线不足，或在不利地质、气象条件下作业等。

2. 技能差错

包括漏掉程序步骤、作业技术差、作业时注意力分配不当等。不依赖于所处的环境，而是由施工人员的培训水平决定，而在操作当中不可避免地发生，因此应该作为独立的因素保留。

3. 操作违规

故意或者主观不遵守确保安全作业的规章制度，分为习惯性的违章和偶然性的违规。前者是组织或管理人员常常能容忍和默许的，常造成施工人员习惯成自然。而后者偏离规章或施工人员通常的行为模式，一般会被立即禁止。

确定适用于水电工程施工的修订的 HFACS 框架，根据工程施工的特点重新选择了因素。在实际的工程施工事故分析以及制定事故防范与整改措施的过程中，通常会成立事故调查组对某一类原因，比如施工人员的不安全行为进行调查，给出处理意见及建议。应用 HFACS 框架的目的之一是尽快找到并确定在工程施工中，所有已经发生的事故当中，哪一类因素占相对重要的部分，可以集中人力和物力资源对该因素所反映的问题进行整改。对于类似的或者可以归为一类的因素整体考虑，科学决策，将结果反馈给整改单位，由他们完成相关一系列后续工作。因此，修订后的 HFACS 框架通过对标准框架因素的调整，加强了独立性和概括性，能更合理地反映水电工程施工的实际状况。

应用 HFACS 框架对行为因素导致事故的情况初步分类，在求证判别一致性的基础上，分析了导致事故发生的主要因素。但这种分析只是静态的，HFACS 框架仅仅简单地将发生事故中的行为因素进行分类，没有指出上层因素是如何影响下层因素的，以及采取什么样的措施才能在将来尽量地避免事故发生。基于 HFACS 框架的静态分析只是将行为因素按照不同的层次进行了重新配置，没有寻求因素的发生过程和事故的解决之道。因此，有必要在此基础上，对 HFACS 框架当中相邻层次之间因素的联系进行分析，指出每个层次的因素如何被上一层次的因素影响，以及作用于下一次层次的因素，从而有利于针对某因素制定安全防范措施的时候，能够承上启下，进行综合考虑，从源头上避免该类因素的产生，并且能够有效抑制由于该因素发生而产生的连锁反应。

采用统计性描述，揭示不良的企业组织影响如何通过组织流程等因素向下传递造成安全监管的失误，安全监管的错误决定了安全检查与培训等力度，决定了是否严格执行安全管理规章制度等，决定了对隐患是否漠视等，这些错误造成了不安全行为的前提条件，进一步影响了施工人员的工作状态，最终导致事故的发生。进行统计学分析的目的是提供邻近层次的不同种类之间因素的概率数据，以用来确定框架当中高层次对低层次因素的影响程度。一旦确定了自上而下的主要途径，就可以量化因素之间的相互作用，也有利于制定针对性的安全防范措施与整改措施。

第三节　安全管理体系

一、安全管理体系内容

（一）建立健全安全生产责任制

安全生产责任制是安全管理的核心，是保障安全生产的重要手段，它能有效地预防事故的发生。

安全生产责任制是根据"管生产必须管安全""安全生产人人有责"的原则，明确各级领导和各职能部门及各类人员在生产活动中应负的安全职责的制度。有了安全生产责任制，就能把安全与生产从组织形式上统一起来，把"管生产必须管安全"的原则从制度上固定下来，从而增强了各级管理人员的安全责任心，使安全管理纵向到底、横向到边、专管成线、群管成网、责任明确、协调配合、共同努力，真正把安全生产工作落到实处。

安全生产责任制的内容要分级制定和细化，如企业、项目、班组都应建立各级安全生产责任制，按其职责分工，确定各自的安全责任，并组织实施和考评，保证安全生产责任制的落实。

（二）制定安全教育制度

安全教育制度是企业对职工进行安全法律、法规、规范、标准、安全知识和操作规程培训教育的制度，是提高职工安全意识的重要手段，是企业安全管理的一项重要内容。

安全教育制度内容应规定：定期和不定期安全教育的时间、应受教育的人员、教育的内容和形式，如新工人、外施队人员等进场前必须接受三级（公司、项目、班组）安全教育。从事危险性较大的特殊工种的人员必须经过专门的培训机构培训合格后持证上岗，每年还必须进行一次安全操作规程的训练和再教育。对采用新工艺、新设备、新技术和变换工种的人员应进行安全操作规程和安全知识的培训和教育。

（三）制定安全检查制度

安全检查是发现隐患、消除隐患、防止事故、改善劳动条件和环境的重要措施，是企业预防安全生产事故的一项重要手段。

安全检查制度内容应规定：安全检查负责人、检查时间、检查内容和检查方式。它包括经常性的检查、专业化的检查、季节性的检查和专项性的检查，以及群众性的检查等。对于检查出的隐患应进行登记，并采取定人、定时间、定措施的"三定"办法给予解决，同时对整改情况进行复查验收，彻底消除隐患。

（四）制定各工种安全操作规程

工种安全操作规程是消除和控制劳动过程中的不安全行为，预防伤亡事故，确保作业人员的安全和健康的需要的措施，也是企业安全管理的重要制度之一。

安全操作规程的内容应根据国家和行业安全生产法律、法规、标准、规范，结合施工现场的实际情况制定出各种安全操作规程。同时根据现场使用的新工艺、新设备、新技术，制定出相应的安全操作规程，并监督其实施。

（五）制定安全生产奖罚办法

企业制定安全生产奖罚办法的目的是不断提高劳动者进行安全生产的自觉性，调动劳动者的积极性和创造性，防止和纠正违反法律、法规和劳动纪律的行为，也是企业安全管理的重要制度之一。

安全生产奖罚办法规定奖罚的目的、条件、种类、数额、实施程序等。企业只有建立安全生产奖罚办法，做到有奖有罚、奖罚分明，才能鼓励先进、督促落后。

（六）制定施工现场安全管理规定

施工现场安全管理规定是施工现场安全管理制度的基础，目的是规范施工现场安全防护设施的标准化、定型化。

施工现场安全管理规定的内容包括：施工现场一般安全规定，安全技术管理，脚手架工程安全管理（包括特殊脚手架、工具式脚手架等），电梯井操作平台安全管理，马路搭设安全管理，大模板拆装存放安全管理，水平安全网、井字架龙门架安全管理，孔洞临边防护安全管理，拆除工程安全管理等。

（七）制定机械设备安全管理制度

机械设备是指目前建筑施工普遍使用的垂直运输和加工机具，由于机械设备本身存在一定的危险性。管理不当就可能造成机毁人亡。所以它是目前施工安全管理的重点对象。

机械设备安全管理制度规定，大型设备应到上级有关部门备案，符合国家和行业有关规定，还应设专人负责定期进行安全检查、保养，保证机械设备处于良好的状态，以及各种机械设备的安全管理制度。

（八）制定施工现场临时用电安全管理制度

施工现场临时用电是目前建筑施工现场离不开的一项操作，由于其使用广泛、危险性比较大，因此它牵涉到每个劳动者的安全，也是施工现场一项重要的安全管理制度。

施工现场临时用电管理制度的内容应包括：外电的防护、地下电缆的保护、设备的接地与接零保护、配电箱的设置及安全管理规定（总箱、分箱、开关箱）、现场照明、配电线路、电器装置、变配电装置、用电档案的管理等。

（九）制定劳动防护用品管理制度

使用劳动防护用品是为了减轻或避免劳动过程中，劳动者受到的伤害和职业危害，保护劳动者安全健康的一项预防性辅助措施，是安全生产防止职业性伤害的需要，对于减少职业危害起着相当重要的作用。

劳动防护用品制度的内容应包括：安全网、安全帽、安全带、绝缘用品、防职业病用品等。

二、建立健全安全组织机构

施工企业一般都有安全组织机构，但必须建立健全项目安全组织机构，确定安全生产目标，明确参与各方对安全管理的具体分工，安全岗位责任与经济利益挂钩，根据项目的性质规模不同，采用不同的安全管理模式。对于大型项目，必须安排专门的安全总负责人，并配以合理的班子，共同进行安全管理，建立安全生产管理的资料档案。实行单位领导对整个施工现场负责，专职安全员对部位负责，班组长和施工技术员对各自的施工区域负责，操作者对自己的工作范围负责的"四负责"制度。

三、安全管理体系建立步骤

（一）领导决策

最高管理者亲自决策，以便获得各方面的支持和在体系建立过程中所需的资源保证。

（二）成立工作组

最高管理者或授权管理者代表成立的工作小组负责建立安全管理体系。工作小组的成员要覆盖组织的主要职能部门，组长最好由管理者代表担任，以保证小组对人力、资金、信息的获取。

（三）人员培训

培训的目的是使有关人员了解建立安全管理体系的重要性，了解标准的主要思想和内容。

（四）初始状态评审

初始状态评审要对组织过去和现在的安全信息、状态进行收集、调查分析、识别和获取现有的、适用的法律、法规和其他要求，进行危险源辨识和风险评价，评审的结果将作为制订安全方针、管理方案、编制体系文件的基础。

（五）制订方针、目标、指标的管理方案

方针是组织对其安全行为的原则和意图的声明，也是组织自觉承担其责任和义务的承诺。方针不仅为组织确定了总的指导方向和行动准则，还是评价一切后续活动的依据，并为更加具体的目标和指标提供一个框架。

安全目标、指标的制定是组织为了实现其在安全方针中所体现出的管理理念及其对整体绩效的期许与原则，与企业的总目标相一致。

管理方案是实现目标、指标的行动方案。为保证安全管理体系的实现，须结合年度管理目标和企业客观实际情况，策划制订安全管理方案。该方案应明确旨在实现目标、指标的相关部门的职责、方法、时间表以及资源的要求。

第四节　施工安全控制

一、安全操作要求

（一）爆破作业

1. 爆破器材的运输

气温低于10℃运输易冻的硝化甘油炸药时，应采取防冻措施；气温低于-15℃运输硝化甘油炸药时，也应采取防冻措施；禁止用翻斗车、自卸汽车、拖车、机动三轮车、人力三轮车、摩托车和自行车等运输爆破器材；运输炸药雷管时，装车高度要低于车厢10cm。车厢、船底应加软垫。雷管箱不许倒放或立放，层间也应垫软垫；水路运输爆破器材，停泊地点距岸上建筑物不得小于250m；汽车运输爆破器材，汽车的排气管宜设在车前下侧，并应设置防火罩装置；汽车在视线良好的情况下行驶时，时速不得超过20km（工区内不得超过15km）；在弯多坡陡、路面狭窄的山区行驶，时速应保持在5km以内。平坦道路行车间距应大于50m，上下坡应大于300m。

2. 爆破

明挖爆破音响依次发出预告信号（现场停止作业，人员迅速撤离）、准备信号、起爆信号、解除信号。检查人员确认安全后，由爆破作业负责人通知警报室发出解除信号。在特殊情况下，如准备工作尚未结束，应由爆破负责人通知警报室延后发布起爆信号，并用

广播器通知现场全体人员。装药和堵塞应使用木、竹制作的炮棍。严禁使用金属棍棒装填。

深孔、竖井、倾角大于30°的斜井、有瓦斯和粉尘爆炸危险等工作面的爆破，禁止采用火花起爆；炮孔的排距较密时，导火索的外露部分不得超过1.0m，以防止导火索互相交错而起火；一人连续单个点火的火炮，暗挖不得超过5个，明挖不得超过10个；并应在爆破负责人指挥下，做好分工及撤离工作；当信号炮响后，全部人员应立即撤出炮区，迅速到安全地点掩蔽；点燃导火索应使用专用点火工具，禁止使用火柴和打火机等。

用于同一爆破网路内的电雷管，电阻值应相同。网路中的支线、区域线和母线彼此连接之前各自的两端应绝缘；装炮前工作面一切电源应切除，照明至少设于距工作面30m以外，只有确认炮区无漏电、感应电后，才可装炮；雷雨天严禁采用电爆网路；供给每个电雷管的实际电流应大于准爆电流，网路中全部导线应绝缘；有水时导线应架空；各接头应用绝缘胶布包好，两条线的搭接口禁止重叠，至少应错开0.1m；测量电阻只许使用经过检查的专用爆破测试仪表或线路电桥，严禁使用其他电气仪表进行量测；通电后若发生拒爆，应立即切断母线电源，将母线两端拧在一起，锁上电源开关箱进行检查；进行检查的时间：对于即发电雷管，至少在10min以后；对于延发电雷管，至少在15min以后。

导爆索只准用快刀切割，不得用剪刀剪断导火索；支线要顺主线传爆方向连接，搭接长度不应少于15cm，支线与主线传爆方向的夹角应不大于90°；起爆导爆索的雷管，其聚能穴应朝向导爆索的传爆方向；导爆索交叉敷设时，应在两根交叉爆索之间设置厚度不小于10cm的木质垫板；连接导爆索中间不应出现断裂破皮、打结或打圈现象。

用导爆管起爆时，应有设计起爆网路，并进行传爆试验；网路中所使用的连接元件应经过检验合格；禁止导爆管打结，禁止在药包上缠绕；网路的连接处应牢固，两元件应相距2m；敷设后应严加保护，防止冲击或损坏；一个8号雷管起爆导爆管的数量不宜超过40根，层数不宜超过3层，只有确认网路连接正确，与爆破无关人员已经撤离，才准许接入引爆装置。

（二）起重作业

钢丝绳的安全系数应符合有关规定。根据起重机的额定负荷，计算好每台起重机的吊点位置，最好采用平衡梁抬吊。每台起重机所分配的荷重不得超过其额定负荷的75%~80%。应有专人统一指挥，指挥者应站在两台起重机司机都能看到的位置。重物应保持水平，钢丝绳应保持铅直受力均衡。具备经有关部门批准的安全技术措施。起吊重物离地面10cm时，应停机检查绳扣、吊具和吊车的刹车可靠性，仔细观察周围有无障碍物。确认无问题后，方可继续起吊。

（三）脚手架拆除作业

拆脚手架前，必须将电气设备和其他管、线、机械设备等拆除或加以保护。拆脚手架时，应统一指挥，按顺序自上而下进行；严禁上下层同时拆除或自下而上进行。拆下的材料，禁止往下抛掷，应用绳索捆牢，用滑车、卷扬等方法慢慢放下来，集中堆放在指定地点。拆脚手架时，严禁采用将整个脚手架推倒的方法进行拆除。三级、特级及悬空高处作业使用的脚手架拆除时，必须事先制定安全可靠的措施才能进行拆除。拆除脚手架的区域内，无关人员禁止逗留和通过，在交通要道应设专人警戒。架子搭成后，未经有关人员同意，不得任意改变脚手架的结构和拆除部分杆子。

（四）常用安全工具

安全帽、安全带、安全网等施工生产使用的安全防护用具，应符合国家规定的质量标准，具有厂家安全生产许可证、产品合格证和安全鉴定合格证书，否则不得采购、发放和使用。高处临空作业应按规定架设安全网，作业人员使用的安全带，应挂在牢固的物体上或可靠的安全绳上，安全带严禁低挂高用。挂安全带用的安全绳，不宜超过 3m。在有毒有害气体可能泄漏的作业场所，应配置必要的防毒护具，以备急用，并及时检查维修更换，保证其处在良好待用状态。电气操作人员应根据工作条件选用适当的安全电工用具和防护用品，电工用具应符合安全技术标准并定期检查，凡不符合技术标准要求的绝缘安全用具、登高作业安全工具、携带式电压和电流指示器以及检修中的临时接地线等，均不得使用。

二、安全控制要点

（一）一般脚手架安全控制要点

1. 脚手架搭设之前应根据工程的特点和施工工艺要求确定搭设（包括拆除）施工方案。

2. 脚手架必须设置纵、横向扫地杆。

3. 高度在 24m 以下的单、双排脚手架均必须在外侧立面的两端各设置一道剪刀撑并应由底至顶连续设置中间各道剪刀撑。剪刀撑及横向斜撑搭设应随立杆、纵向和横向水平杆等同步搭设，各底层斜杆下端必须支承在垫块或垫板上。

4. 高度在 24m 以下的单、双排脚手架宜采用刚性连墙件与建筑物可靠连接，亦可采用拉筋和顶撑配合使用的附墙连接方式，严禁使用仅有拉筋的柔性连墙件。24m 以上的双排脚手架必须采用刚性连墙件与建筑物可靠连接，连墙件必须采用可承受拉力和压力的构造。50m 以下（含 50m）脚手架连墙件，应按 3 步 3 跨进行布置，50m 以上的脚手架连墙件应按 2 步 3 跨进行布置。

（二）一般脚手架检查与验收程序

脚手架的检查与验收应由项目经理组织项目施工、技术、安全、作业班组负责人等有关人员参加，按照技术规范、施工方案、技术交底等有关技术文件对脚手架进行分段验收，在确认符合要求后方可投入使用。

脚手架及其地基基础应在下列阶段进行检查和验收：

1. 基础完工后及脚手架搭设前。

2. 作业层上施加荷载前。

3. 每搭设完 10 ~13m 高度后。

4. 达到设计高度后。

5. 遇有六级及以上大风与大雨后。

6. 寒冷地区土层开冻后。

7. 停用超过一个月的，在重新投入使用之前。

（三）附着式升降脚手架、整体提升脚手架或爬架作业安全控制要点

附着式升降脚手架（整体提升脚手架或爬架）作业要针对提升工艺和施工现场作业条件编制专项施工方案，专项施工方案包括设计、施工、检查、维护和管理等全部内容。

安装搭设必须严格按照设计要求和规定程序进行，安装后经验收并进行荷载试验，确认符合设计要求后，方可正式使用。

进行提升和下降作业时，架上人员和材料的数量不得超过设计规定并尽可能减少。

升降前必须仔细检查附着连接和提升设备的状态是否良好，发现异常应及时查找原因并采取措施解决。

升降作业应统一指挥、协调动作。

在安装、升降、拆除作业时，应划定安全警戒范围并安排专人进行监护。

（四）洞口、临边防护控制

1. 洞口作业安全防护基本规定

（1）各种楼板与墙的洞口按其大小和性质应分别设置牢固的盖板、防护栏杆、安全网

或其他防坠落的防护设施。

（2）坑槽、桩孔的上口柱形、条形等基础的上口以及天窗等处都要作为洞口采取符合规范的防护措施。

（3）楼梯口、楼梯口边应设置防护栏杆或者用正式工程的楼梯扶手代替临时防护栏杆。

（4）井口除设置固定的栅门外还应在电梯井内每隔两层不大于10m处设一道安全平网进行防护。

（5）在建工程的地面入口处和施工现场人员流动密集的通道上方应设置防护棚，防止因落物产生物体打击事故。

（6）施工现场大的坑槽、陡坡等处除须设置防护设施与安全警示标牌外，夜间还应设红灯示警。

2. 洞口的防护设施要求

（1）楼板、屋面和平台等面上短边尺寸小于25cm但大于2.5cm的孔口必须用坚实的盖板盖严，盖板要有防止挪动移位的固定措施。

（2）楼板面等处边长为25~50cm的洞口、安装预制构件时的洞口以及因缺件临时形成的洞口可用竹、木等做盖板盖住洞口，盖板要保持四周搁置均衡并有固定其位置不发生挪动移位的措施。

（3）边长为50~150cm的洞口必须设置一层以扣件连接钢管而成的网格栅，并在其上满铺竹篱笆或脚手板，也可采用贯穿于混凝土板内的钢筋构成防护网栅、钢盘网格，间距不得大于20cm。

（4）边长在150cm以上的洞口四周必须设防护栏杆，洞口下方设安全平网防护。

3. 施工用电安全控制

（1）施工现场临时用电设备在5台及以上或设备总容量在50kW及以上者应编制用电组织设计。临时用电设备在5台以下和设备总容量在50kW以下者应制定安全用电和电气防火措施。

（2）变压器中性点直接接地的低压电网临时用电工程必须采用TN-S接零保护系统。

（3）当施工现场与外线路共用同一供电系统时，电气设备的接地、接零保护应与原系统保持一致，不得一部分设备做保护接零，另一部分设备做保护接地。

（4）配电箱的设置

①施工用电配电系统应设置总配电箱配电柜、分配电箱、开关箱，并按照"总→分→开"顺序作分级设置形成"三级配电"模式。

②施工用电配电系统各配电箱、开关箱的安装位置要合理。总配电箱配电柜要尽量靠近变压器或外电源处以便于电源的引入。分配电箱应尽量安装在用电设备或负荷相对集中区域的中心地带，确保三相负荷保持平衡。开关箱安装的位置应视现场情况和工况尽量靠近其控制的用电设备。

③为保证临时用电配电系统三相负荷平衡，施工现场的动力用电和照明用电应形成两个用电回路，动力配电箱与照明配电箱应该分别设置。

④施工现场所有用电设备必须有各自专用的开关箱。

⑤各级配电箱的箱体和内部设置必须符合安全规定，开关电器应标明用途，箱体应统一编号。停止使用的配电箱应切断电源，箱门上锁。固定式配电箱应设围栏并有防雨防砸措施。

（5）电器装置的选择与装配。

在开关箱中作为末级保护的漏电保护器，其额定漏电动作电流不应大于 30mA，额定漏电动作时间不应大于 0.1s。在潮湿、有腐蚀性介质的场所中，漏电保护器要选用防溅型的产品，其额定漏电动作电流不应大于 15mA，额定漏电动作时间不应大于 0.1s。

（6）施工现场照明用电

①在坑、洞、井内作业，夜间施工或厂房、道路、仓库、办公室、食堂、宿舍、料具堆放场所及自然采光差的场所应设一般照明、局部照明或混合照明。一般场所宜选用额定电压 220V 的照明器。

②隧道、人防工程、高温、有导电灰尘、比较潮湿或灯具离地面高度低于 2.5m 等场所的照明电源电压不得大于 36V。

③潮湿和易触及带电体场所的照明电源电压不得大于 24V。

④特别潮湿场所，导电良好的地面、锅炉或金属容器内的照明电源电压不得大于 12V。

⑤照明变压器必须使用双绕组型安全隔离变压器，严禁使用自耦变压器。

⑥室外 220V 灯具距地面不得低于 3m，室内 220V 灯具距地面不得低于 2.5m。

4. 垂直运输机械安全控制

（1）外用电梯安全控制要点

①外用电梯在安装和拆卸之前必须针对其类型特点说明书的技术要求，结合施工现场的实际情况制订详细的施工方案。

②外用电梯的安装和拆卸作业必须由取得相应资质的专业队伍进行安装完毕，经验收合格取得政府相关主管部门核发的《准用证》后方可投入使用。

③外用电梯在大雨、大雾和六级及六级以上大风天气时应停止使用。暴风雨过后应组

织对电梯各有关安全装置进行一次全面检查。

（2）塔式起重机安全控制要点

①塔吊在安装和拆卸之前必须针对类型特点说明书的技术要求结合作业条件制订详细的施工方案。

②塔吊的安装和拆卸作业必须由取得相应资质的专业队伍进行安装完毕，经验收合格取得政府相关主管部门核发的《准用证》后方可投入使用。

③遇六级及六级以上大风等恶劣天气应停止作业并将吊钩升起。行走式塔吊要夹好轨钳。当风力达十级以上时应在塔身结构上设置缆风绳或采取其他措施加以固定。

第五节　安全应急预案

应急预案，又称"应急计划"或"应急救援预案"，是针对可能发生的事故，为迅速、有序地开展应急行动、降低人员伤亡和经济损失而预先制订的有关计划或方案。它是在辨识和评估潜在重大危险、事故类型、发生的可能性、发生的过程、事故后果及影响严重程度的基础上，对应急机构职责、人员、技术、装备、设施、物资，救援行动及其指挥与协调方面预先做出的具体安排。应急预案明确了在事故发生前、事故过程中以及事故发生后，谁负责做什么，何时做，怎么做，以及相应的策略和资源准备等。

一、事故应急预案

为控制重大事故的发生，防止事故蔓延，有效地组织抢险和救援，政府和生产经营单位应对已初步认定的危险场所和部位进行风险分析。对认定的危险有害因素和重大危险源，应事先对事故后果进行模拟分析，预测重大事故发生后的状态、人员伤亡情况及设备破坏和损失程度，以及由于物料的泄漏可能引起的火灾爆炸，有毒有害物质扩散对单位可能造成的影响。

依据预测，提前制订重大事故应急预案，组织、培训事故应急救援队伍，配备事故应急救援器材，以便在重大事故发生后，能及时按照预定方案进行救援，在最短时间内使事故得到有效控制。编制事故应急预案主要目的有以下两个方面：

第一，采取预防措施使事故控制在局部，消除蔓延条件，防止突发性重大或连锁事故发生。

第二，能在事故发生后迅速控制和处理事故，尽可能减轻事故对人员及财产的影响，保障人员生命和财产安全。

　　事故应急预案是事故应急救援体系的主要组成部分，是事故应急救援工作的核心内容之一，是及时、有序、有效地开展事故应急救援工作的重要保障。事故应急预案的作用体现在以下五个方面：

　　1. 事故应急预案确定了事故应急救援的范围和体系，使事故应急救援不再无据可依、无章可循，尤其是通过培训和演练，可以使应急人员熟悉自己的任务，具备完成指定任务所需的相应能力，并检验预案和行动程序，评估应急人员的整体协调性。

　　2. 事故应急预案有利于做出及时的应急响应，降低事故后果。应急行动对时间要求十分敏感，不允许有任何拖延。事故应急预案预先明确了应急各方的职责和响应程序，在应急救援等方面进行了先期准备，可以指导事故应急救援迅速、高效、有序地开展，将事故造成的人员伤亡、财产损失和环境破坏降到最低限度。

　　3. 事故应急预案是各类突发事故的应急基础。通过编制事故应急预案，可以对那些事先无法预料到的突发事故起到基本的应急指导作用，成为开展事故应急救援的"底线"。在此基础上，可以针对特定事故类别编制专项事故应急预案，并有针对性制定应急措施、进行专项应对准备和演习。

　　4. 事故应急预案建立了与上级单位和部门事故应急救援体系的衔接。通过编制事故应急预案可以确保当发生超过本级应急能力的重大事故时与有关应急机构的联系和协调。

　　5. 事故应急预案有利于提高风险防范意识。事故应急预案的编制、评审、发布、宣传、推演、教育和培训，有利于各方了解可能面临的重大事故及其相应的应急措施，有利于促进各方提高风险防范意识和能力。

二、应急预案的编制

（一）成立事故预案编制小组

　　应急预案的成功编制需要有关职能部门和团体的积极参与，并达成一致意见，尤其是应寻求与危险直接相关的各方进行合作。成立事故应急预案编制小组是将各有关职能部门、各类专业技术有效结合起来的最佳方式，可有效地保证应急预案的准确性、完整性和实用性，而且为应急各方提供了一个非常重要的协作与交流机会，有利于统一应急各方的不同观点和意见。

（二）危险分析和应急能力评估

　　为了准确策划事故应急预案的编制目标和内容，应开展危险分析和应急能力评估工作。为有效开展此项工作，预案编制小组首先应进行初步的资料收集，包括相关法律法规、应急预案、技术标准、国内外同行业事故案例分析、本单位技术资料、重大危险源等。

1. 危险分析

危险分析是应急预案编制的基础和关键过程。在危险因素辨识分析、评价及事故隐患排查、治理的基础上，确定本区域或本单位可能发生事故的危险源、事故的类型、影响范围和后果等，并指出事故可能产生的次生、衍生事故，形成分析报告，分析结果作为应急预案的编制依据。危险分析主要内容为危险源的分析和危险度评估。危险源的分析主要包括有毒、有害、易燃、易爆物质的企事业单位的名称、地点、种类、数量、分布、产量、储存、危险度、以往事故发生情况和发生事故的诱发因素等。事故源潜在危险度的评估就是在对危险源进行全面调查的基础上，对企业单位的事故潜在危险度进行全面的科学评估，为确定目标单位危险度的等级找出科学的数据依据。

2. 应急能力评估

应急能力评估就是依据危险分析的结果，对应急资源的准备状况充分性和从事应急救援活动所具备的能力评估，以明确应急救援的需求和不足，为事故应急预案的编制奠定基础。应急能力包括应急资源（应急人员、应急设施、装备和物资）、应急人员的技术、经验和接受的培训等，它将直接影响应急行动的快速、有效性。制订应急预案时应当在评估与潜在危险相适应的应急能力的基础上，选择最现实、最有效的应急策略。

（三）应急预案编制

针对可能发生的事故，结合危险分析和应急能力评估结果等信息，按照应急预案的相关法律法规的要求编制应急救援预案。应急预案编制过程中，应注意编制人员的参与和培训，充分发挥他们各自的专业优势，使他们掌握危险分析和应急能力评估结果，明确应急预案的框架、应急过程行动重点以及应急衔接、联系要点等。同时编制的应急预案应充分利用社会应急资源，考虑与政府应急预案、上级主管单位以及相关部门的应急预案相衔接。

（四）应急预案的评审和发布

1. 应急预案的评审

为使预案切实可行、科学合理以及与实际情况相符，尤其是重点目标下的具体行动预案，编制前后需要组织有关部门、单位的专家、领导到现场进行实地勘察，如重点目标周围地形、环境、指挥所位置、分队行动路线、展开位置、人口疏散道路及流散地域等实地勘察、实地确定。经过实地勘察修改预案后，应急预案编制单位或管理部门还要依据我国有关应急的方针、政策、法律、法规、规章、标准和其他有关应急预案编制的指南性文件与评审检查表，组织有关部门、单位的领导和专家进行评议，取得政府有关部门和应急机构的认可。

2. 应急预案的发布

事故应急救援预案经评审通过后，应由最高行政负责人签署发布，并报送有关部门和应急机构备案。预案经批准发布后，应组织落实预案中的各项工作，如开展应急预案宣传、教育和培训，落实应急资源并定期检查，组织开展应急演习和训练，建立电子化的应急预案，对应急预案实施动态管理与更新，并不断完善。

三、事故应急预案主要内容

一个完整的事故应急预案主要包括以下六个方面的内容。

（一）事故应急预案概况

事故应急预案概况主要描述生产经营单位概况以及危险特性状况等，同时对紧急情况下事故应急救援紧急事件、适用范围提供简述并作必要说明，如明确应急方针与原则，作为开展应急的纲领。

（二）预防程序

预防程序是对潜在事故、可能的次生与衍生事故进行分析，并说明所采取的预防和控制事故的措施。

（三）准备程序

准备程序应说明应急行动前所需采取的准备工作，包括应急组织及其职责权限、应急队伍建设和人员培训、应急物资的准备、预案的演练、公众的应急知识培训、签订互助协议等。

（四）应急程序

在事故应急救援过程中，存在一些必需的核心功能和任务，如接警与通知、指挥与控制、警报和紧急公告、通信、事态监测与评估、警戒与治安、人群疏散与安置、医疗与卫生、公共关系、应急人员安全、消防和抢险、泄漏物控制等，无论何种应急过程都必须围绕上述功能和任务开展。应急程序主要指实施上述核心功能和任务的步骤。

1. 接警与通知

准确了解事故的性质和规模等初始信息是决定启动事故应急救援的关键。接警作为应急响应的第一步，必须对接警要求做出明确规定，保证迅速、准确地向报警人员询问事故现场的重要信息。接警人员接受报警后，应按预先确定的通报程序，迅速向有关应急机构、政府及上级部门发出事故通知，以采取相应的行动。

2. 指挥与控制

建立统一的应急指挥、协调和决策程序，便于对事故进行初始评估，确认紧急状态，从而迅速有效地进行应急响应决策，建立现场工作区域，确定重点保护区域和应急行动的优先原则，指挥和协调现场各救援队伍开展救援行动，合理高效地调配和使用应急资源等。

3. 警报和紧急公告

当事故可能影响到周边地区，对周边地区的公众可能造成威胁时，应及时启动警报系统，向公众发出警报，同时通过各种途径向公众发出紧急公告，告知事故性质，对健康的影响、自我保护措施、注意事项等，以保证公众能够及时做出自我保护响应。决定实施疏散时，应通过紧急公告确保公众了解疏散的有关信息，如疏散时间、路线、随身携带物、交通工具及目的地等。

4. 通信

通信是应急指挥、协调和与外界联系的重要保障，在现场指挥部、应急中心、各事故应急救援组织、新闻媒体、医院、上级政府和外部救援机构之间，必须建立完善的应急通信网络，在事故应急救援过程中应始终保持通信网络畅通，并设立备用通信系统。

5. 事态监测与评估

在事故应急救援过程中必须对事故的发展势态及影响及时进行动态的监测，建立对事故现场及场外的监测和评估程序。事态监测在事故应急救援中起着非常重要的决策支持作用，其结果不仅是控制事故现场，制定消防、抢险措施的重要决策依据，也是划分现场工作区域、保障现场应急人员安全、实施公众保护措施的重要依据。即使在现场恢复阶段，也应当对现场和环境进行监测。

6. 警戒与治安

为保障现场事故应急救援工作的顺利开展，在事故现场周围建立警戒区域，实施交通管制，维护现场治安秩序是十分必要的，其目的是防止与救援无关人员进入事故现场，保障救援队伍、物资运输和人群疏散等的交通畅通，并避免发生不必要的伤亡。

7. 人群疏散与安置

人群疏散是防止人员伤亡扩大的关键，也是最彻底的应急响应。应当对疏散的紧急情况和决策、预防性疏散准备、疏散区域、疏散距离、疏散路线、疏散运输工具、避难场所以及回迁等做出细致的规定和准备，应考虑疏散人群的数量、所需要的时间、风向等环境变化以及老弱病残等特殊人群的疏散等问题。对已实施临时疏散的人群，要做好临时生活安置，保障必要的水、电、卫生等基本条件。

8. 医疗与卫生

对受伤人员采取及时、有效的现场急救，合理转送医院进行治疗，是减少事故现场人员伤亡的关键。医疗人员必须了解城市主要的危险并经过培训，掌握对受伤人员进行正确消毒和治疗方法。

9. 公共关系

事故发生后，不可避免地引起新闻媒体和公众的关注。应将有关事故的信息、影响、救援工作的进展等情况及时向媒体和公众公布，以消除公众的恐慌心理，避免公众的猜疑和不满。应保证事故和救援信息的统一发布，明确事故应急救援过程中对媒体和公众的发言人和信息批准、发布的程序，避免信息的不一致性。同时，还应处理好公众的有关咨询，接待和安抚受害者家属。

10. 应急人员安全

水利水电工程施工安全事故的应急救援工作危险性极大，必须对应急人员自身的安全问题进行周密的考虑，包括安全预防措施、个体防护设备、现场安全监测等，明确紧急撤离应急人员的条件和程序，保证应急人员免受事故的伤害。

11. 抢险与救援

抢险与救援是事故应急救援工作的核心内容之一，其目的是尽快地控制事故的发展，防止事故的蔓延和进一步扩大，从而最终控制住事故，并积极营救事故现场的受害人员。尤其是涉及危险物质的泄漏、火灾事故，其消防和抢险工作的难度和危险性十分巨大，应对消防和抢险的器材和物资、人员的培训、方法和策略以及现场指挥等做好周密的安排和准备。

12. 危险物质控制

危险物质的泄漏或失控，将可能引发火灾、爆炸或中毒事故，对工人和设备等造成严重危险。而且，泄漏的危险物质以及夹带了有毒物质的灭火用水，都可能对环境造成重大影响，同时也会给现场救援工作带来更大的危险。因此，必须对危险物质进行及时有效的控制，如对泄漏物的围堵、收容和洗消，并进行妥善处置。

（五）恢复程序

恢复程序是说明事故现场应急行动结束后所需采取的清除和恢复行动。现场恢复是在事故被控制之后进行的短期恢复，从应急过程来说意味着事故应急救援工作的结束，并进入到另一个工作阶段，即将现场恢复到一个基本稳定的状态。经验教训表明，在现场恢复的过程中往往仍存在潜在的危险，如余烬复燃、受损建筑物倒塌等，所以，应充分考虑现场恢复过程中的危险，制定恢复程序，防止事故再次发生。

（六）预案管理与评审改进

事故应急预案是事故应急救援工作的指导文件。应当对预案的制订、修改、更新、批准和发布做出明确的管理规定，保证定期或在应急演习、事故应急救援后对事故应急预案进行评审，针对各种变化的情况以及预案中所暴露出的缺陷，不断地完善事故应急预案体系。

第六节　安全事故处理

水利工程施工安全是指在施工过程中，工程组织方应该采取必要的安全措施和手段来保证施工人员的生命和健康安全，降低安全事故的发生概率。

一、概述

（一）概念

工伤事故就是企业员工在为公司或工厂进行施工建设中因为某种原因造成的工伤亡事故。工伤事故认定是进行工伤事故鉴定与工伤事故赔偿的第一个程序，对于职工在工作时间或工作地点受伤的情况，只有先经过工伤事故认定，确认职工的伤害属于工伤事故时，才会进行工伤事故鉴定与工伤事故赔偿。生群体还包括民工、临时工和参加生产劳动的学生、教师、干部等。

（二）工亡的分类

（1）在工作时间和工作场所内，因工作原因受到事故伤害的；

（2）工作时间前后在工作场所内，从事与工作有关的预备性或者收尾性工作受到事故伤害的；

（3）在工作时间和工作场所内，因履行工作职责受到暴力等意外伤害的；

（4）患职业病的；

（5）因工外出期间，由于工作原因受到伤害或者发生事故下落不明的；

（6）在上下班途中，受到机动车事故伤害的；

（7）法律、行政法规规定应当认定为工伤的其他情形。

二、事故处理程序

一般来说如果在施工过程中发生重大伤亡事故，企业负责人员应在第一时间组织伤员的抢救，并及时将事故情况报告给各有关部门，具体来说主要分为以下三个主要步骤。

（一）迅速抢救伤员、保护好事故现场

在工伤事故发生之后，施工单位的负责人应迅速组织人员对伤员展开抢救，并拨打120急救热线，另外，还要保护好事故现场，帮助劳动责任认定部门进行劳动责任认定。

（二）组织调查组

轻伤、重伤事故，由企业负责人或其指定人员组织生产、技术、安全等部门及工会组成事故调查组，进行调查；伤亡事故，由企业主管部门会同同级行政安全管理部门、公安部门、监察部门、工会组成事故调查组，进行调查。死亡和重大死亡事故调查组应邀请人民检察院参加，还可邀请有关专业技术人员参加，与发生事故有直接利害关系的人员不得参加调查组。

（三）现场勘察

1. 做出笔录

通常情况下，笔录的内容包括事发时间、地点以及气象条件等；现场勘察人员的姓名、单位、职务；现场勘察起止时间、勘察过程；能量逸散所造成的破坏情况、状态、程度；设施设备损坏情况及事故发生前后的位置；事故发生前的劳动组合，现场人员的具体位置和行动；重要物证的特征、位置及检验情况等。

2. 实物拍照

包括方位拍照，反映事故现场周围环境中的位置；全面拍照，反映事故现场各部位之间的联系；中心拍照，反映事故现场中心情况；细目拍照，提示事故直接原因的痕迹物、致害物；人体拍照，反映伤亡者主要受伤和造成伤害的部位。

3. 现场绘图

根据事故的类别和规模以及调查工作的需要应绘制：建筑物平面图、剖面图；事故发生时人员位置及疏散图；破坏物立体图或展开图；涉及范围图；设备或工、器具构造图等。

4. 分析事故原因、确定事故性质

分析的步骤和要求是：

（1）通过详细的调查，查明事故发生的经过。

（2）整理和仔细阅读调查资料，对受伤部位、受伤性质、起因物、致害物、伤害方法、不安全行为和不安全状态等七项内容进行分析。

（3）根据调查所确认的事实，从直接原因入手，逐渐深入到间接原因。通过对原因的分析、确定出事故的直接责任者和领导责任者，根据在事故发生中的作用，找出主要责任者。

（4）确定事故的性质。如责任事故、非责任事故或破坏性事故。

5. 写出事故调查报告

事故调查组应着重把事故发生的经过、原因、责任分析和处理意见以及本次事故的教训和改进工作的建议等写成报告，以调查组全体人员签字后报批。如内部意见不统一，应进一步弄清事实，对照政策法规反复研究，统一认识。对于个别同志仍持有不同意见的，可在签字时写明自己的意见。

6. 事故的审理和结案

住房和城乡建设部对事故的审批和结案有以下几点要求：

（1）事故调查处理结论，应经有关机关审批后，方可结案。伤亡事故处理工作应当在90日内结案，特殊情况不得超过180日。

（2）事故案件的审批权限，同企业的隶属关系及人事管理权限一致。

（3）对事故责任人的处理，应根据其情节轻重和损失大小，谁有责任，主要责任，次要责任，重要责任，一般责任，还是领导责任等，按规定给予处分。

（4）要把事故调查处理的文件、图纸、照片、资料等记录长期完整地保存起来。

参考文献

[1] 潘晓坤，宋辉，于鹏坤．水利工程管理与水资源建设［M］．长春：吉林人民出版社，2022.

[2] 邓艳华．水利水电工程建设与管理［M］．沈阳：辽宁科学技术出版社，2022.

[3] 崔永，于峰，张韶辉．水利水电工程建设施工安全生产管理研究［M］．长春：吉林科学技术出版社，2022.

[4] 楼静，吴玉红，李婧．地理信息系统原理、技术及应用［M］．北京：中国环境出版集团，2022.

[5] 张晓涛，高国芳，陈道宇．水利工程与施工管理应用实践［M］．长春：吉林科学技术出版社，2022.

[6] 刘圣桥．水利工程项目档案规范管理实务［M］．济南：山东科学技术出版社，2022.

[7] 张长忠，邓会杰，李强．水利工程建设与水利工程管理研究［M］．长春：吉林科学技术出版社，2021.

[8] 杜辉，张玉宾．水利工程建设项目管理［M］．延吉：延边大学出版社，2021.

[9] 贺志贞，黄建明．水利工程建设与项目管理新探［M］．长春：吉林科学技术出版社，2021.

[10] 潘运方，黄坚，吴卫红．水利工程建设项目档案质量管理［M］．北京：中国水利水电出版社，2021.

[11] 宋秋英，李永敏，胡玉海．水文与水利工程规划建设及运行管理研究［M］．长春：吉林科学技术出版社，2021.

[12] 赵静，盖海英，杨琳．水利工程施工与生态环境［M］．长春：吉林科学技术出版社，2021.

[13] 丹建军．水利工程水库治理料场优选研究与工程实践［M］．郑州：黄河水利出版社，2021.

[14] 左毅军，蒋兆英，常宗记．农田水利基础理论与应用［M］．北京：科学技术文献出版社，2021.

［15］马德辉，于晓波，苏拥军．水利信息化建设理论与实践［M］．天津：天津科学技术出版社，2021.

［16］刘利文，梁川，顾功开．大中型水电工程建设全过程绿色管理［M］．成都：四川大学出版社，2021.

［17］贾志胜，姚洪林，张修远．水利工程建设项目管理［M］．长春：吉林科学技术出版社，2020.

［18］赵庆锋，耿继胜，杨志刚．水利工程建设管理［M］．长春：吉林科学技术出版社，2020.

［19］宋美芝，张灵军，张蕾．水利工程建设与水利工程管理［M］．长春：吉林科学技术出版社，2020.

［20］张义．水利工程建设与施工管理［M］．长春：吉林科学技术出版社，2020.

［21］甄亚欧，李红艳，史瑞金．水利水电工程建设与项目管理［M］．哈尔滨：哈尔滨地图出版社，2020.

［22］张子贤，王文芬．水利工程经济［M］．北京：中国水利水电出版社，2020.

［23］刘志强，季耀波，孟健婷．水利水电建设项目环境保护与水土保持管理［M］．昆明：云南大学出版社，2020.

［24］赵永前．水利工程施工质量控制与安全管理［M］．郑州：黄河水利出版社，2020.

［25］闫文涛，张海东，陈进．水利水电工程施工与项目管理［M］．长春：吉林科学技术出版社，2020.

［26］刘勇，郑鹏，王庆．水利工程与公路桥梁施工管理［M］．长春：吉林科学技术出版社，2020.

［27］唐涛．水利水电工程［M］．北京：中国建材工业出版社，2020.

［28］林雪松，孙志强，付彦鹏．水利工程在水土保持技术中的应用［M］．郑州：黄河水利出版社，2020.

［29］孙祥鹏，廖华春．大型水利工程建设项目管理系统研究与实践［M］．郑州：黄河水利出版社，2019.

［30］周苗．水利工程建设验收管理［M］．天津：天津大学出版社，2019.

［31］初建．水利工程建设施工与管理技术研究［M］．北京：现代出版社，2019.

［32］刘明忠，田淼，易柏生．水利工程建设项目施工监理控制管理［M］．北京：中国水利水电出版社，2019.

［33］袁俊周，郭磊，王春艳．水利水电工程与管理研究［M］．郑州：黄河水利出版社，2019.

［34］姬志军，邓世顺．水利工程与施工管理［M］．哈尔滨：哈尔滨地图出版社，2019.

［35］刘景才，赵晓光，李璇．水资源开发与水利工程建设［M］．长春：吉林科学技术出版社，2019.

［36］牛广伟．水利工程施工技术与管理技术实践［M］．北京：现代出版社，2019.

［37］许建贵，胡东亚，郭慧娟．水利工程生态环境效应研究［M］．郑州：黄河水利出版社，2019.

［38］史庆军，唐强，冯思远．水利工程施工技术与管理［M］．北京：现代出版社，2019.

［39］袁云．水利建设与项目管理研究［M］．沈阳：辽宁大学出版社，2019.